国家自然科学基金"水电工程施工事故发展网络行为范式研究"(5137910)资助

水电工程施工事故预警管理

郑霞忠　陈　述　胡斌锋　著

科学出版社

北　京

内 容 简 介

本书围绕水电工程施工中的事故预警管理展开系统研究。首先介绍了水电工程施工事故预警管理的相关理论，然后分析了水电工程施工风险内涵与特征，总结了水电工程施工风险构成要素及分布规律，揭示了水电工程事故的产生机理。其次从制度上建立了水电工程施工事故预警管理的保障机制，从而形成了与水电工程施工系统相适应的事故预警管理体系，再次建立了事故预警管理指标体系与事故预警组合模型。然后根据水电工程施工安全管理的需求，提炼了水电工程施工预控方法，诠释了预控管理的内容。最后为水电工程施工事故预警管理进行计算机实现，设计了水电工程施工事故预警管理系统的架构、功能模块以及对策库。

本书既可作为水利水电工程建设单位、监理单位、施工单位质量管理等工作人员的培训用书，又可作为大专院校水利水电工程、农田水利工程、土木工程及工程管理等专业学生的参考用书。

图书在版编目(CIP)数据

水电工程施工事故预警管理 / 郑霞忠，陈述，胡斌锋著. —北京：科学出版社，2016.6
（水电工程关键技术及应用丛书）
ISBN 978-7-03-049347-7

Ⅰ.①水… Ⅱ.①郑… ②陈… ③胡… Ⅲ.①水利水电工程-工程事故-预测 Ⅳ.①TV513

中国版本图书馆 CIP 数据核字 (2016) 第 157940 号

责任编辑：杨 岭 唐 梅 / 责任校对：韩雨舟
责任印制：余少力 / 封面设计：墨创文化

斜 学 出 版 社 出版
北京东黄城根北街16号
邮政编码：100717
http://www.sciencep.com

成都创新包装印刷厂印刷
科学出版社发行 各地新华书店经销
*

2016 年 7 月第 一 版 开本：B5 (720×1000)
2016 年 7 月第一次印刷 印张：9.25
字数：200 千字
定价：56.00 元

本 书 作 者

郑霞忠　三峡大学水利与环境学院

陈　述　三峡大学水利与环境学院

胡斌锋　长江工程监理咨询有限公司

前 言

水电开发既带来了巨大的直接发电经济效益,又在发展区域经济、改善大气环境、减少河道泥沙淤积、改善水质、保障电网安全经济运行以及防洪、交通、灌溉、供水、养殖等方面具有显著的综合效益。当前我国面对资源约束趋紧、环境污染严重的严峻形势,水电作为供应安全、成本经济的可再生绿色能源,已成为中国经济社会可持续发展的必然选择。

根据国家能源发展"十三五"规划,我国仍将优先发展水电作为基本方向,继续加强十三个大型水电基地建设,预计至 2020 年,水电总装机容量将增至 4.2 亿千瓦,水电基地的总体开发程度将达到 70%。然而,我国在建或待建的大中型水电工程基本处于山高沟深、水流湍急的狭窄地带。这些地带水文地质条件复杂、施工点多面广、施工环境极其恶劣、事故隐患多且控制难度大,各类施工事故时有发生,给水电工程快速安全建设带来极大挑战。

安全科学是研究人的身心存在状态的运动及变化规律,找出与其对应的客观因素及其转化条件,研究安全的本质,消除或控制危害因素,建立起安全、舒适、高效的人机环境以及安全的思维方法和知识体系的科学。随着水电工程施工技术的进步和社会的飞速发展,要减少意外事故,保障安全、健康的生产条件和作业环境,急需前移我国水电工程施工安全管理关口,对水电工程施工中的安全科学展开深入研究,实现施工安全管理方式从事后分析型向事先预警预控型的根本性转变。

本书贯彻"安全第一,预防为主,综合治理"的方针,以系统理论与预警管理理论为指导思想,综合应用管理科学、安全科学、工程科学、系统科学等多学科理论,采用定量分析与定性分析相结合、理论分析与实证分析相结合的研究方法,对水电工程施工事故预警管理问题进行深入研究,为水电工程施工安全管理提供了新的思路。

本书的出版获得国家自然科学基金、水电工程施工与管理湖北省重点实验室的资助,同时得到三峡大学水利与环境学院、长江工程监理咨询有限公司、中国长江三峡集团公司、中国能源建设集团公司的大力支持。感谢中国长江三峡集团公司的刘先荣先生、裴金勇先生和中国能源建设集团公司的谭华先生对于本书出版给予的支持。

书中参考和引用了所列参考文献的某些内容，谨向这些文献的编著者致以诚挚的谢意。由于作者水平有限，书中难免有不足之处，恳请读者批评指正。

作者

2016 年 4 月

目　　录

第一章 概 述

第一节 水电工程施工预警管理的研究背景及意义

随着国民经济的持续快速增长、工业现代化进程的加快，资源和环境制约日趋紧张，能源供应出现短缺局面，生态环境压力不断增大。据统计，我国常规能源资源（包括煤炭、石油、天然气和水能，其中水能为可再生能源，按使用 100 年计算）探明（技术可开发）总储量约 8450 亿吨标准煤，探明剩余可采（经济可开发）总储量为 1590 亿吨标准煤，分别约占世界总量的 2.6% 和 11.5%。能源探明总储量的构成为：原煤 85.1%，原油 2.7%，天然气 0.3%，水能 11.9%，能源剩余可采总储量的构成为：原煤 51.4%，原油 2.9%，天然气 1.1%，水能 44.6%，如图 1-1 所示，水能开发潜力巨大（数据来源：华经视点数据研究中心）。目前，中国能源消费以煤为主，由此产生的环境问题日益严重，使中国面临着巨大的环境压力，资源和环境问题已成为制约中国经济社会发展的重要因素。水电是供应安全、成本经济的可再生绿色能源，较燃煤发电其安全性、经济性和灵活性都更高，因此加快开发利用水电资源是中国经济社会可持续发展的必然选择。

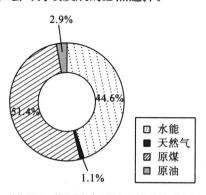

图 1-1 能源剩余可采总储量构成图

大力发展水电事业将有利于缩小城乡差距、改善农村生产生活条件，对于推进地方农业生产、提高农民收入、加快脱贫步伐、维护社会稳定，具有不可替代的作用。水电开发通过投资拉动、税收增长和相关服务业的发展，将地方资源优势转变为经济优势、产业优势，由此带动其他产业的发展，形成支撑力强的产业集群，有力促进地方经济的全面发展。

我国的水电资源丰富，总量居世界第一。根据国家发展改革委员会水力资源调查发现，我国水电资源理论蕴藏量年电量 6.08 万亿千瓦·时，理论蕴藏量装机 6.94 亿千瓦；技术可开发装机 5.42 亿千瓦，技术可开发年电量 2.47 万亿千瓦·时；经济可开发装机 4.02 亿千瓦，经济可开发年电量 1.75 万亿千瓦·时，分别占技术可开发装机容量和年发电量的 74.2% 和 70.9%。

截至 2015 年，我国水电已完成"十二五"时期新增装机容量规划目标的 107.39% 左右，其中溪洛渡等一批西电东送大型水电项目累计装机容量超过 2.9 亿千瓦。根据可再生能源中长期发展规划，到 2020 年，全国水电装机容量预计达到 4.2 亿千瓦。"十三五"期间，我国水电发展必将迎来新机遇期，一批大型水电工程正在或将要开工建设。

伴随着国民经济的持续快速增长，经济实力进一步增强，为水电开发提供了前所未有的有利条件，实施西部大开发战略，为水电发展创造了重要的历史机遇，近期我国能源结构经济调整也为加快开发水电资源提供了有利契机。当前，为实现可持续发展、能源资源优化配置，国家对西部地区的水电建设给予了大力支持，特别是对长江上游的金沙江、雅砻江、澜沧江及怒江流域的水能资源开发，实行流域梯级滚动开发。

但是金沙江、大渡河、雅砻江、澜沧江、乌江、黄河上游的多个梯级水电站均处于我国西部高山峡谷和地震高发带，地质条件十分复杂，施工环境差，重大事故隐患多，危险类型繁多，危险控制难度大。近年来，大型水电建设全面提速，施工过程中的重特大事故时有出现，水电建设项目整体安全生产形势严峻。2004 年 9 月 27 日，四川省蓬安县金溪航电枢纽二期围堰施工对嘉陵江主航道侵占严重，使水流态势发生急剧变化，导致客船在嘉陵江上翻沉，死亡 66 人。2004 年湖北省恩施龙潭水电施工围堰发生漫顶事故，工程损失严重，造成 18 人遇难。2006 年 10 月 7 日，湖北省房县的三里坪水利水电枢纽工程区内，发生山体坍塌，导致 6 人死亡。2007 年 8 月 10 日，四川雅安市石棉县境内的大发电站工地，因连降暴雨发生山体滑坡泥石流灾害，在施工人员向生活营地撤离时，道路旁另一处山体又发生滑坡，造成 12 人死亡。2007 年 12 月 13 日，云南省临沧市临翔区遮奈水电站(3×3200 千瓦)试通水过程中，前池引水明渠外边墙突然垮塌，导致约 14000 米³ 的水突然顺山下泄，形成泥石流，造成 5 人死亡、2 人受伤。2015 年 6 月 13 日，重庆金佛山水电站项目左岸高边坡发生塌方，造成 4 名作业人员被埋，经抢救无效死亡。当前我国水电工程施工事故多发、后果严重的重要原因之一就是我国水电工程安全技术及管理水平没有跟上水电工程安全生产的需要，安全管理手段落后，预警管理薄弱。因此，对水电工程施工事故预警管理问题进行研究具有重要的理论和现实意义，具体表现在以下几个方面。

（1）系统地阐述我国水电工程施工事故发生机理，为水电工程施工预警管理工作提供一定的理论指导，为水电工程施工主动安全管理的实践探索正确的方向。

（2）重构水电工程施工事故预警管理体系，前移我国水电工程施工安全管理关口，有利于我国水电工程施工安全管理方式从事后分析型向事先预警预控型的根本性转变，提高水电工程施工安全管理效率，减少水电工程施工事故，更好地保障广大水电工程施工人员的人身安全，降低国家和企业的经济损失。

（3）构建水电工程施工事故预警预控方法，建立递进式、立体化事故隐患防控体系，有利于贯彻我国水电工程施工"安全第一，预防为主，综合治理"的方针。加强对水电工程施工事故预警管理问题的研究，是"预防为主"思想的具体体现，是"安全第一"方针的深化和发展，是"综合治理"理念的必然要求，对于促进水电工程施工安全管理体系建设和水电事业健康发展具有重要意义。

（4）有助于发展和完善目前水电工程施工安全管理方法和理论。构建的单一或组合的水电工程施工事故预警管理指标体系和模型，可以为法律、法规和标准、规范等的制定和实施提供一定参考。

第二节　水电工程施工预警管理的研究对象

人类的任何活动都具有潜在的危害，而危害并不一定会造成事故，但由于某些意外情况，它会使发生事故的可能性增加，在这种危害中既存在着人的不安全行为，又存在着物质条件的缺陷。重要的是我们不仅要知道潜在的危害，更应了解存在危害的人的劳动和行为、劳动产品、生产环境、自然条件、生产机具，以便及时高效地对潜在危害进行预警管理。同样，对于水电工程施工，预警管理的研究对象为人的不安全行为、物的不安全状态、环境的不安全条件及管理上的原因等几个方面的不安全因素。

1）人的不安全因素

人的不安全因素是指影响安全的人的因素，即能够使系统发生故障或发生性能不良的事件的人员个人的不安全因素和违背设计安全要求的错误行为。人的不安全因素可分为个人的不安全因素和人的不安全行为两大类。

个人的不安全因素主要指人员的心理、生理、能力中所具有不能适应工作、不能满足作业岗位要求的影响安全的因素，如急躁、懒惰；年龄不适应工作岗位要求；疲劳、醉酒；缺乏应有的岗位知识、技能；应变能力差等。

人的不安全行为是指造成事故的人的失误，如操作失误、忽视安全、忽视警告；冒险进入危险场所；攀爬不安全位置；在起吊物下停留、作业；工具存放不当；没有正确使用个人防护用品；在机器运转时进行检修、维护和保养等。

2）物的不安全状态

物的不安全状态是指导致事故发生的物质条件，包括机械设备和物质的缺陷、安全防护设施、用具等存在的不安全因素。机械设备和装置的缺陷主要指其技术性能降低、强度不够、结构不良、磨损、老化、失灵、腐蚀、物理和化学性能达不到要求等，如保险或防护装置缺乏或存在缺陷；安全器具信号、标志有缺陷等。人机系统把生产过程中发挥一定作用的机械、物生产对象以及其他生产要素统称为物。物都具有不同形式、性质的能量，有出现能量意外释放，引发事故的可能性。物的能量可能释放引起事故的状态，称为物的不安全状态。

3）环境的不安全条件

环境的不安全条件是指导致事故发生的环境所存在的不安全因素，如施工现场狭窄，立体交叉作业组织不当，多工种交叉作业不协调，道路狭窄，机械拥挤，多单位同时施工，夜间照明不足以及尘、毒、噪声超标；生产场地布置不合理；高温、雨天等自然环境恶劣等。在安全控制中必须根据施工的具体条件，采取有效的措施避免不安全条件。

4）管理上的不安全因素

管理上的不安全因素通常也称为管理上的缺陷，主要有以下几个方面：技术上的缺陷；教育上的缺陷；管理工作上的缺陷；社会、历史上的原因造成的缺陷等。安全管理不只是少数人和安全机构的事，而是一切与施工有关的人的共同的事。施工组织者在安全管理中的作用固然重要，但全员参与管理也十分重要。安全管理涉及施工过程的方方面面，涉及从开工到竣工交付的全部过程以及全部的作业时间和一切变化着的生产因素。因此，施工活动必须坚持全员、全过程、全方位、全天候的动态安全管理，避免在管理上留下不安全因素。

第三节　水电工程施工预警管理的研究方法

水电工程施工预警管理的目的就是发现、分析和研究施工过程中各种不安全因素，从而采取相应对策、防止灾害事故发生。限于当前水电工程施工条件和现状，各种危险因素的基本数据还无法准确测量，因此，水电工程施工预警管理的研究方法大多还处于定性分析阶段。总体来说，本书的主要研究方法如下。

（1）采取文献阅读与现场采样、问卷调查及个别访谈相结合的方法。以危机管理、事故致因、预警管理理论为指导思想，分析水电工程施工事故风险构成要素及分布规律，探讨水电工程施工事故的产生机理。

（2）理论集成的方法。综合运用管理学、系统科学、工程科学、安全科学等理论和方法来研究水电工程施工事故预警管理的理论体系。

（3）定量分析与定性分析相结合的研究方法。对水电工程施工事故预警管理的指标体系采用定性分析的同时，采用模糊数学、可变模糊集、粗糙集、神经网络等方法对预警模型进行了定量研究。

（4）系统分析的方法。本研究贯穿系统论的思想和方法对水电工程施工风险、预警管理体系、预警指标体系、预警模型等进行全面研究，对水电工程施工的预控方法进行全面系统的分析。

（5）理论研究和实证相结合的方法。在分析、研究水电工程施工事故预警管理的指标体系并构建预警模型的基础上，设计水电工程施工事故预警管理软件系统，分析系统架构、功能模块及对策块，达到理论与实践的结合。

本书研究的技术路线如图 1-2 所示。

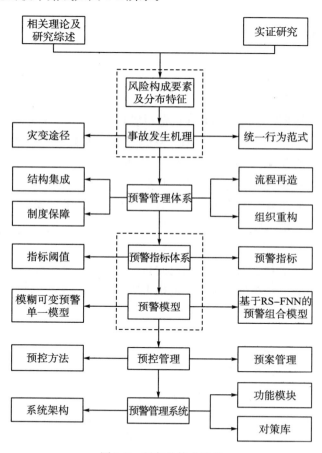

图 1-2　研究的技术路线

第四节　水电工程施工预警管理的相关研究动态

本书的研究是多学科、多层次的交叉科学研究。多学科性表现在将管理科学、工程科学、安全科学、系统科学等学科知识综合应用于水电工程施工事故预警管理实践中。多层次性表现在综合分析水电工程施工系统中的个体、群体及岗位的风险构成要素和分布规律，建立递进式、立体化事故隐患防控体系，需要运用相关学科的理论与方法。

一、危机管理

现代危机管理理论起源可以追溯到 20 世纪 30 年代初，经济危机促使企业加强了经济风险防卫管理的研究。但当时的研究还是单纯的危险对策、保险管理、安全技术和防灾计划，不能称为真正的危机管理[1]。

20 世纪 60 年代，"古巴导弹危机"导致美苏两国有发生"核对抗"的危险，有史以来第一次直接威胁整个人类社会。在此背景之下，危机管理理论应运而生，当时是指某种冲突处于转向战争或和平这一分歧点时，为防止其升级到战争而力图收拾事态的体系[2]。当美国学者提出该理论后，随即受到美国外交和决策当局的高度重视，迅速应用于外交和国际政治领域。

20 世纪 70 年代，"尼克松冲击"和石油危机沉重打击了高速增长的日本经济，从而唤起了日本对于危机管理理论的高度重视，将这一理论的研究和应用范围扩展到经济领域，并在第二次石油危机中取得了实际成效。

20 世纪 80 年代，伴随着国际关系的缓和及跨国公司的迅速发展，地区性冲突以及针对跨国公司的恐怖主义暴力事件层出不穷，因此，危机管理理论的服务对象拓展到企业，尤其是跨国公司的决策者们[3]。

进入 20 世纪 90 年代，传统安全[4]和非传统安全理论[5]观点出现，危机管理开始进入公共管理领域[6]。在危机管理领域最具影响力的理论著作有 Barton 所著的《组织危机管理》[7]、罗伯特·希斯所著的《危机管理》[8]等。罗伯特·希斯认为对危机的处理办法进行评价是危机事后管理的重要方面，为此他提出了一个简单实用的评价危机的办法，按照结构、系统、过程和人四个部分考察危机情境，并将其划分为事前、初始、冲击和恢复四个阶段八个部分，由此得危机管理4R 模式：缩减力（reduction）、预备力（readiness）、反应力（response）、恢复力（recovery）。这四个阶段促使企业尽力应对已发生的危机，总结经验并做好危机应急预案，尽快从危机中恢复过来[9,10]。

自 20 世纪 90 年代末期以来，随着信息经济学和博弈论的引入，国外危机管理理论研究出现了新的动态[11-13]，即对具体危机的研究方法从单纯的定性研究到定性和定量相结合，并在个体层面上运用心理学和博弈论，在组织层面上运用组织理论和组织行为理论，在社会层面上运用社会学、政治学等理论[14]，如 Fink 的四阶段生命周期模型[15]、Mitroff 的五阶段模型[16]，而这些模型通过实践的检验也不断得到丰富完善，西方现代危机理论研究逐渐走向成熟。

虽然现代危机理论的研究在我国的起步较晚，但古典危机管理理论诞生于中国。古代危机管理思想主要从军事、历史、治国、哲学等不同的角度对危机管理进行阐述。"祸兮福之所倚，福兮祸之所伏"是中国古代对危机两面性的辩证思考；"亡羊补牢，犹未为晚"是中国古代危机总结学习思想；"君子安而不忘危，存而不忘亡，治而不忘乱，是以身安而国家可保也"是中国古代危机预防思想的经典概括。

在现实的触动下，我国政府和科研机构开始意识到危机管理研究的重要性，并对危机管理的研究有所关注。20 世纪 90 年代初，国家自然科学基金委员会资助了"企业逆境管理——管理失误成因分析与企业滑坡对策研究"和"企业危机的预警原理和方法研究"两个基金项目的研究，并取得了相应的成果[17]。清华大学公共管理学院于 2001 年年初成立了危机管理课题组，中国现代国际关系研究所于 2002 年年初成立了危机管理研究中心。随后，大批学者从不同领域，以不同方式对危机管理进行了研究[18-20]。

在经历了 2003 年的 SARS 危机之后，现代危机管理理论得到我国政府部门及各行业的高度认可和重视。为了更深入地揭示突发事件的管理特点，形成管理性强、适用性广的一整套应急管理思路、机制和方法，中科院科技政策与管理科学所、中科院研究生院组建了教学与研究联合小组，首次提出了"动态博弈网络技术"，并以项目管理课程案例为载体，深入探讨"突发事件应急管理"问题，并且涉及工程领域[21]。

当前，国家"十三五"规划关于"突发事件应急体系建设"问题明确提出要求"建成与公共安全风险相匹配、覆盖应急管理全过程和全社会共同参与的突发事件应急体系"。因此，针对水电工程施工特点，引入危机管理理论，开展预警管理研究，对于保障工程项目顺利进行具有重要现实意义。

二、事故致因

事故致因理论是从大量典型事故的本质原因分析中提炼出的事故机理和事故模型。这些机理和模型反映了事故发展的规律性，能够为事故原因的定性、定量分析，为事故的预测预防，为改进安全管理工作，提供科学、完整的理论依据。因此先后出现了多种具有代表性的事故致因理论和事故模型。

（1）事故频发倾向理论。Greenwood 等[22]提出了事故倾向论，认为具有某种特征的人比其他人更加容易发生事故。Farmer 等[23]对此进行了补充,并明确提出了"事故频发倾向论",该理论把工业事故致因完全归咎于人的天性。Michael 等[24]提出了"人为因素分析系统",指出在事故频发倾向论中,人为首要因素。Otte 等[25]在对道路交通事故的研究中证实了人为因素是导致事故频发的关键原因。

(2)事故因果连锁理论。Heinrich[26]提出了事故因果连锁理论,用以阐明导致伤亡事故的各种因素之间以及这些因素与事故、伤害之间的连锁关系。Bird[27]认为事故因果连锁过程包括 5 个因素:本质原因(安全管理)、基本原因(个人原因及工作条件)、直接原因(人的不安全行为或物的不安全状态)、事故和损失,而事故的本质原因在于管理的缺陷。Li 等[28]针对复杂的工作流程提出了一种事故分析模型,认为事故是以于复杂的流程以及多因素间的耦合而导致的。

(3)动态变化理论。Benner[29]提出了"P 事故理论",认为事故过程包含着一组相继发生的事件,事故是以事件链中的扰动(perturbation)开始,以伤害或损害为结束的过程。Johnson[30]将变化看作是一种潜在的事故致因,建立了"变化-失误"模型,认为事故是由于管理者或操作者没有适应物或人的因素变化,而产生的计划错误或行为失误,从而导致人的不安全行为或物的不安全状态,破坏了对能量的屏蔽或控制。张守健[31]研究了施工事故流变发展过程,总结了各阶段变化规律。何沙等[32]指出控制事故发生的关键就是要将其控制在流变阶段,最多不能超过突变的警戒点。

(4)能量意外释放理论。Gibson[33]提出了解释事故发生物理本质的能量意外释放论,认为事故是一种不正常的或不希望的能量释放,意外释放的各种形式的能量是构成伤害的直接原因,因此应该通过控制能量或控制作为能量达及人体媒介的能量载体来预防伤害事故。Haddon[34]在此基础上引申出"能量意外释放论",认为事故是一种不正常的或不希望的能量转移,各种形式的能量构成了伤害的直接原因。

除上述理论外,Surry[35]提出 Surry 事故模型,把事故的发生过程分为危险出现和危险释放两个阶段,根据人的认知过程(感觉、认识和响应)分析事故致因。Andrew[36]、Wigglesw[37]、Lawrence[38]等对 Surry 模型进行了修正。Skiba[39]、Bena[40]提出了"轨迹交叉"论,认为事故的发生是人的不安全行为和物的不安全状态两大因素同时相互作用的结果。Reason[41,42]、Leveson[43]、Wang 等[44]相继提出了系统论并对其理论进行了补充。

上述事故致因理论研究较为丰富,但是忽略了水电工程施工的特殊性,缺乏针对水电工程施工事故特点的研究。虽然覃容和彭冬芝[45]、何理等[46]、孙志禹等[47]针对水电工程施工危险源,对水电工程施工事故的发生机理进行了初步探讨,季学伟等[48]、胡振中等[49]、周厚贵等[50]、何簽等[51]、郑霞忠等[52]分别从方法论上提出了加强水电工程施工安全管理措施,但是目前的研究一般将水电工程施工事故的本体论、认识论和方法论割裂开来分别研究，忽视了水电工程施工事故在本体论、认识论和方法论三个层次的相互关联。因此，如何结合水电工程施工的实践，分析水电工程施工事故致因是本书研究的重点。

三、事故预警管理

事故预警管理研究源于美国学者在 20 世纪 60 年代提出的危机管理理论，此后主要是对国家关系和国际政治领域的研究[53]。70 年代，日本学者将其研究和应用扩展到本国经济领域，主要针对地震灾害、气象灾害及环境污染对企业造成危机的危机管理。80 年代，危机管理的服务对象扩展到跨国公司[54]，而研究对象主要是宏观社会政治经济领域的危机问题。80 年代中后期，美国学者将研究目标指向工商企业，主要研究企业遭遇危机后的紧急应对方式[55]。90 年代后期，美国、英国、日本、俄罗斯等国家的危机管理理论研究进一步发展[56-58]。这些研究主要是企业或其他组织在危机发生后如何应对和如何摆脱危机的策略问题[59]，然而对危机的起源、成因、发展过程以及决策的致错行为，缺少系统的机理性分析和实证研究，且对预防和减少危机的预警管理系统研究十分薄弱。

随着安全管理问题日益受到重视，国外对预警管理的研究也在逐步深入，不断有学者提出预警的方法及模型。Fitzpatrick 首次进行了单个财务比率模型的判定，开创了单量预警方法。Altman 创立了多元变量判定模型——Z 分数模型[60]。随着信息流量观念的建立，Laitinen 等研究了中小企业预警系统[61]，Aziz 提出用现金流量信息预测财务困境的模型[62]，其他预警的方法还有 Oimitra 等提出的粗糙集理论(rough set theory)，Luoma 的生存分析模型，Messier 和 Hansen 的专家系统，Altmanetal 的神经网络系统，Vermewenetal 的多因素模型等。

20 世纪 80 年代末，国内开始并逐步展开对企业预警管理的研究。我国开始从宏观经济角度研究预警管理，理论研究逐渐成熟。总体而言，国内的事故预警管理研究起步较晚，经历了一个从宏观预警渗透到企业预警、从定性为主到定性与定量相结合、从点预警到系统状态预警转变的过程[63]。佘廉等分别针对企业逆境[64]和水运灾害[65]，创立了预警管理体系，强调预警管理(追求风险的降低和规避)同传统的成功管理(追求绩效的改善)同等重要。罗帆等[66]深入研究了航空交通事故预警。周厚贵等[67]探讨了建筑业事故预警的原理、流程及方法。其他学者在企业预警管理领域也进行了有益探索，根据应用领域，国内预警管理研究比较典型的有以下五类。

(1)预警管理在财务管理中的应用研究。张喜柱等[68]、高红平[69]、钱军[70]、肖坤[71]分别从不同的角度对财务预警系统进行了探讨。何荣华[72]对一元判定模型、多元线性函数模型、对数比率回归模型、概率单位回归模型、人工神经网络模型[73]五种财务预警模型进行了对比分析，提出了财务预警模型进一步研究的内容和方向。张蓬勃[74]提出了××公司财务危机预警管理系统的整体框架，通过对××公司的销售、生产、筹资和投资等方面存在问题的具体分析，经预警管理小组选择评价指标，构建用于监测的符合××公司实际情况的危机预警评估指标体系，建立××公司预警管理体系的辅助模型——Z模型。毛政珍[75]强调了房地产开发企业的行业特殊性和资金链的特殊性，提出了在房地产开发企业财务风险预警模型建设时，必须以定量分析和定性分析相结合的设计思路，构建了一个对房地产开发行业有效的财务风险预警管理模型。

(2)预警管理在产业经济发展、企业发展方面的应用研究。王林等[76]从政策预警、外部经济预警和内部经济预警三个方面构造了企业经济预警体系。阮平南等[77]提出从企业整体经营风险指标和子系统经营风险指标两方面构造企业经营预警指标体系。郭娜[78]运用计量经济学的方法对商品流通规模预警指标进行实证分析。李青[79]论述了企业危机预警的功能，分析了危机预警管理的制度支持系统，并构建了企业危机预警管理系统。郑家响[80]基于多目标评价建立了相对完备和独立的营销风险预警指标评价体系，运用多级模糊评价模型的方法对各营销风险进行分项和综合评价，并制定了相应的营销风险预防、预控措施。闫磊[81]揭示了企业危机预警研究中的基本矛盾，构建了企业危机预警管理的指标体系，分别根据预警指标体系和企业现状评价指标体系的总体得分，绘制这两个总分在某段时间内的变化趋势，从而进行预警效果的检验。李真[82]以遵循系统构建原则为前提，构建了供应链风险预警管理系统结构的基本框架，并建立了供应链风险预警指标体系，其后运用BP神经网络原理构建了供应链风险预警模型。曹宏杰[83]综合运用系统论分析法、博弈论分析法、模型分析法和群体案例分析法提出了担保公司风险预警管理体系，绘制了担保公司的动态风险地图，构建了风险征兆因素侦测的有效性模型和投入选择模型。张雅楠等[84]针对企业危机预警管理中的常见危机模式，提出了黄金分割这一优选方法，探讨了黄金分割法对于企业提高其抗危机能力的积极意义。

(3)预警管理在航空领域的应用研究。1995年，南方航空公司建立了"南航可靠性控制闭环系统"，设立可靠性标准，并加强了可靠性分析。1998年，佘廉等探讨由不同交通工具产生的交通灾害的共性，并提出了航空灾害预警管理的初步设想。罗帆提出了航空灾害的成因分析模型[85]，首次探索了基于贝叶斯网络的致灾成因机理分析模型[86]。陈凯[87]进一步细化和完善了民航灾害预警管理信息系统的评价指标体系，并开发出了具有一定可操作性的民航灾害预警管理信息系统。余欢[88]对空管灾害的致灾因素进行了相关性分析，构建了空管灾害成因分析模型，并建立了空管灾害预警指标体系，提出了空管灾害预警系统的组织方式、制度体系、监控机制等。高凯[89]按照行业特性初步建立了标准统一的民航机场灾害预警指标体系，引入层次分析法和模糊综合评价法进行评价，并针对机场灾害提出了预警管理信息系统框架。贾刚[90]总结出我国航空公司面临的四大类灾害风险，运用因子分析、BP 神经网络模型和灰色聚类综合评价等方法，从定量分析的角度对预警评价指标值进行分析处理。徐艳芬[91]以面向预警管理的航空公司安全文化机制的构建目标和原则、模式和框架为理论依据，提出安全文化机制构建的方法与途径。朱新艳[92]将预警的理念引入到飞行员流失危机管理中，从个体与组织基于流失决策的博弈入手，全过程、全方位地探讨了稳定飞行队伍、减少人才流失损失的对策和方法。

(4)预警管理在公共安全方面的应用研究。张维平[93]提出了建立健全应对突发公共事件的预警中心、预警决策分析机制、预警网络、制度法规以及民众自我保护机制等方面的预警体系。雷明[94]结合发达国家食品质量安全预警管理的先进经验，提出了完善食品质量安全预警管理的具体对策。贾岩等[95]通过针对道路交通安全的特性分析，提出构建交通安全危机预警系统的新思路。李凯彦[96]通过医疗纠纷数据和医院统计数据的收集、整理和统计分析，设计出医疗安全预警监测系统（MSMS）和医疗安全预警处理系统（MSDS）。孙颖[97]以 ArcGIS Server 平台为基础，设计出 B/S 模式的城市公共安全预警系统。佘廉等[98]采用事故树分析了三峡库区水污染重大公共安全事件的诱因结构，并在此基础上构建了预警指标体系和模型，快速定量描述重大水污染公共安全事件的危害程度，为事件的预警与应急处理的科学决策提供依据。

(5)预警管理在建筑工程项目中的应用研究。李波[99]构建了港口安全生产预警管理系统，基于已构建的港口安全生产预警管理系统，设计了安全生产的预警指标体系，并采用层次分析法对指标体系各指标的权重予以确认。吴国付[100]建立了项目投资风险的预警监测、评价指标体系，构建了区域港口项目建设的投资风险的预警管理体系。万军杰[101]分析了海外港口建设项目的风险形成机理，在此基础上构建海外港口建设项目风险的预警管理体系。郭峰等[102]首次提出建立基于大系统控制的房地产预警系统，并将系统的具体流程、方法结合贵阳市房地产预警系统的实证研究和应用进行了详细阐述。李志强[103]初步构建了公路建设项目风险预警管理系统的整体结构，分析了风险预警管理的风险因素，并对风险预警指标进行了分类。杨晋[104]运用系统动力学方法建立了高速公路事故成因机理模型，进行了高速公路交通系统因果关系分析和该系统模型的构造流图设计，揭示了高速公路事故成因间的内在联系和相互作用机理。范珉[105]分析了公共建筑突发集群事件要考虑的预警指标，包括人群聚集指标、应急疏散指标、情绪指标和公共建筑的应急准备指标，给出了部分指标的量化公式，选择 2005～2008 年发生的典型集群事件作为样本，提出了基于突变理论的公共建筑突发集群事件的预警分级模型。董慧群[106]以代建制项目面临的风险为研究对象，以可拓论的物元理论为基础，建立基于物元理论的代建制项目风险预警管理静态模型；以改进的风险管理理论为基础，建立代建制项目阶段性风险预警管理动态模型。

总之，随着"安全第一，预防为主，综合治理"方针的贯彻深入，预警管理理论思想已经出现在各个领域，如用于预测的技术预警[107-109]、煤炭工业经济预警[110]、金融风险预警[111]、建筑工程项目事故预警[112-114]等。虽然这些领域的预警研究对水电工程施工事故预警系统研究有一定的借鉴作用，但是由于水电工程施工的复杂性和不确定性，水电工程施工急需一套符合行业特性的预警管理体系。

（6）预警管理在水电工程项目中的应用研究。随着我国水电工程的快速发展，加之以人为本的安全理念深入人心，水电工程相关企业开始了从事后分析型向事先预警预控型的转变，预警管理意识已经出现。许多学者也对水电工程施工事故预警管理进行了大量研究，并取得了丰硕成果。刘瑢[115]、宋建学等[116]、李惠强等[117]对深基坑工程施工预警系统的建立、预警指标的确定、预测方法的选择等进行了理论和实践研究，提高了对深基坑工程监测参数进行预测的准确性。孟永东等[118]、吴树仁等[119]、殷坤龙等[120]、刘造保等[121]分析边坡变形时效特性，结合岩石实验和具体监测情况，拟定边坡变形速率阈值，制定边坡综合预警判据，为边坡施工运行的安全预警提供了依据。姚丽[122]、周小文等[123]、游小文[124]将预警管理引入农村水利现代化建设中，通过对警情测度、警度预报，实现对农村水利现代化建设的定量化管理，将水利灾害损失降到最低。彭冬芝运用灰色系统理论，对水电施工系统中的伤亡事故预测问题进行了探讨，构建了灰平面预测法的系列模型[125]。覃荣在总结我国水利水电工程施工伤亡事故致因的基础上，借鉴事故致因理论，提出了水利水电工程施工伤亡事故致因模型[126]。周厚贵等[127]分析了水电工程施工安全预警管理的必要性，介绍了安全预警管理在人、物、环境和管理方面的主要内容。张云宁等[128]提出了施工安全性评价指标体系，构建了基于人工神经网络的施工安全性预警模型。

此外，为加强我国水电工程安全管理基础研究，科技部立项十一五科技支撑计划项目"特大型梯级水利水电枢纽工程建设及高效运行安全关键技术研究"，以现场应用为导向，研发的行业标准《水利水电工程施工重大危险源辨识及评价导则》和企业标准《重点危险源过程监控程序文件》已应用到三峡工程、溪洛渡工程和向家坝工程等特大型水电工程建设中，取得了较好效果，有力推动了我国水利水电预测预警技术创新的发展。

综上所述，国内外专家学者对水电工程施工事故预警管理问题进行的有益探索，可归纳为以下方面：事故预警的必要性和可行性探讨、事故致因机理研究、预警管理机制及体系构建、安全评价和预警方法研究、预警管理系统功能需求分析。以上研究为水电工程施工事故预警管理奠定了良好的基础，但是由于水电工程施工点多面广，作业环境复杂，控制难度大，要想彻底减少或杜绝事故的发生，还需要从管理上、技术上进行深入研究。从目前的研究及实践情况看，主要存在如下问题。

（1）集成化程度较低。

主要表现在预警管理组织、职能与现有组织架构集成化程度较低,信息孤岛现象突出。水电工程施工安全受到众多因素影响,信息及资源交换频繁,集成化程度低,就会造成信息交换不畅,进而导致信息处理滞后,最终影响预警结果的可靠性。

(2)自动化、智能化程度低。

人工智能、计算机、网络通信等技术的发展,给水电工程施工事故预警管理数据的自动化、智能化收集提供了坚实的基础,但是由于受各种主客观因素(如人员素质、技术水平、经济状况、硬件配备等)的影响,一些先进的预警方法、技术还处在实践应用的初级阶段,加之各种知识库、模型库不完善,基础资料匮乏,使得预警管理还不能实现数据自动化采集和风险因素实时监控。

(3)预警功能薄弱。

目前的水电工程施工安全管理,仍然习惯于被动的事后管理,缺乏对施工事故知识库的深度挖掘,缺少对事故发展规律的系统梳理,预防为主的安全指导流于形式,预警功能薄弱。鉴于我国水电工程参建单位多而复杂,要想从根本上预防水电工程重大事故的发生,就必须加强水电工程施工预警管理,前移水电工程施工安全管理关口,建立递进式、立体化事故隐患防控体系。

(4)基础性理论有待进一步完善。

预警管理的核心是施工过程的安全预警评价,只有建立科学、有序、规范的预警指标体系,合理、客观地确定预警指标阈值,才能真正实现水电工程施工预警管理的预见性和高效率,实现水电工程施工安全管理从事后分析型向事先预警预控型的根本性转变,最大限度地降低事故发生率,保障人员和财产的安全,提高经济效益。

因此,总结水电工程施工的风险构成要素以及分布规律,抽象水电工程施工事故发生发展的统一行为模式,揭示水电工程施工事故的发生机理,建立具有水电工程施工行业特色的预警管理体系和递进式、立体化事故隐患防控体系,构建科学合理的水电工程施工事故预警管理指标体系和模型,对于加强水电工程施工事故预警管理研究具有重要的现实意义及长远意义。

本 章 小 结

本章首先阐述了水电工程施工事故预警管理研究的背景及意义;然后,明确了预警管理研究的相关对象,包括人的不安全行为、物的不安全状态、环境的不安全条件及管理上的原因等不安全因素内容;其次,介绍了本书在进行水电工程施工预警管理的研究过程中,所应用的关于理论集成、定量定性分析、系统分析、理论实证等方面的主要方法;最后,依据国内外有关危机管理、事故致因、事故预警管理等方面的研究成果，揭示了针对水电工程施工事故预警管理探索中存在的问题，进一步说明本书对于加强水电工程施工事故预警管理研究的现实意义。

第二章   水电工程施工事故预警管理的基本理论

第一节   水电工程项目与施工的特点

一、水电工程项目的特点

水电工程项目是指在一定约束条件下(人、财、物、时间等资源)，按照一个总体设计进行建设，在经济上实行独立核算，在行政上由投资者实行统一管理，以形成固定资产为主要目标的一类项目。水电工程项目可以由一个或多个单项工程组成。由于水电工程项目及其建设有其自身的特点及规律性，因此水电工程项目除了具有一般项目的共同特征外，还具有以下一些自身显著的特点。

(1)目标性。水电工程项目的最终目标为增加或达到一定生产能力，形成具有使用价值的固定资产。水电工程的目标是由功能性目标与控制性目标构成的目标体系，其中功能性目标是基础，控制性目标的实施是在功能性目标指导下进行的。功能性目标与各控制性目标的最终目的是一致的，均是为了成功完成水电工程的建设，而各控制性目标之间也是统一的。

(2)固定性。一般工业产品本身具有流动性，消费使用空间不受限制，但水电工程不能移动，只能在固定的建设场址使用。水电工程项目一般体型庞大，业主只能在建造的地点使用固定资产，其消费空间受到限制，具有明显的固定性。

(3)单件性。与一般工业与民用建筑项目相比，水电工程的单件性更为显著。水电工程项目体型庞大、结构复杂，而且建造时间、地点、地形、工程地质、水文条件、水文地质条件、材料来源、施工工艺和方法、使用要求和目标等各不相同，水电工程项目存在无一完全相同的单件性。

二、水电工程施工的特点

水电工程施工的全过程都直接与水紧密联系，与工程所在地的地形、地质、水文、气象、施工环境等密切相关。水电工程建设的根本任务是处理各类矛盾，确保实现水电工程项目多目标开发的各种效益。水电工程施工具有以下特点。

（1）水电工程承担挡水、蓄水和泄水等任务，需要按照水电工程的有关技术规范，采取专门的施工方法和措施，确保施工质量。

（2）水电工程对地基的要求比较严格，工程所在地的地质条件往往比较复杂，需要采取专门的地基处理措施。

（3）水电工程施工大多需要在河道、湖泊及其水域进行，需要根据水流条件及工程建设需要进行施工导流、截流或水下作业。

（4）水电工程施工基本是露天作业，受气候影响较大，为了保证质量，在高温或严寒季节需采取降温或保温措施。

（5）水电工程常利用枯水期施工，工期紧、施工强度大；在汛期要精心组织，解决好防洪、度汛等问题。

（6）水电工程大多位于交通不便的山区，交通问题凸显，施工准备工作量大。

（7）水利水电枢纽工程常由多个单项工程组成，布置比较集中，工程量大，工种多，施工过程相互干扰大。

（8）水电工程施工过程中爆破作业、地下作业、水下水上作业和高空作业等通常平行交叉进行，对施工安全非常不利。

第二节　水电工程施工预警管理的特点

预警管理以企业逆境现象的成因与演变过程，以及它同企业顺境状态的相互转化关系为管理主线，依据企业在逆境中的管理活动规律，构建企业顺境状态中的预警（防错纠错）管理机制。为此，预警管理以寻找企业逆境的表现征兆为管理起点，分析各种逆境现象（失误、波动、经营失败）的成因机理为手段，以建立逆境现象的评价与诊断体系为途径，构建针对逆境现象的预测监控与对策的预警组织体系。

预警管理是对管理波动和失误进行监测、诊断与预控的一种组织机制手段，其目的是保证企业管理系统的功能与秩序处于可靠和可控状态，防止并矫正管理失误的发生发展。通过管理预警的活动，可以在企业内构建一种防错纠错机制，并在组织体制内构建对同类逆境现象和失误行为的"免疫"功能。因此，预警管理不但要求对企业逆境活动规律有正确的认知，还要对各种逆境后果进行科学评价并发出警告。所以，预警管理也是一种具有统一指标量度的危险度评价（或称安全度评价）方法和对策手段的操作体系。通过预警管理的作用，使企业管理活动处于一种合理、可靠和安全的状态。预警管理所具有的预见力、调控力、纠错力、免疫力等功能，使企业机体形成一种对逆境现象和失误行为进行预防、制止和摆脱的"自组织"机制，并能为企业在正常情况下的管理行为提供一种新的参照体系和实用方法、手段。总之，预警管理是一种具有"安全"管理机制的操作体系。

水电工程施工过程中，水电工程往往规模大，施工现场自然条件恶劣，受外界气候条件影响大，以及施工条件复杂，给水电工程施工安全带来不利影响，水电工程施工安全管理具有以下特点。

(1)多建设主体的存在及其关系的复杂性决定了安全管理的难度较大。水电工程建设的责任主体有建设项目法人、勘察、设计、监理、施工等诸多单位。施工现场多家施工单位同时施工，不同的施工企业有着不同的安全管理措施和安全文化。

(2)水电工程施工现场的不安全因素复杂多变。水电工程建设强度大，施工现场扰动因素多，受气候、温度影响大，使作业人员经常面对不利的工作环境和负荷。劳动对象体积大、规模大，劳动工具粗笨，加大了施工作业的危险性。

(3)水电工程单件性决定了建设工程的安全问题不断变化。水电工程项目千差万别，建设不同的水电工程项目，其施工技术、施工环境都有很大差别，这些差别决定了施工过程中总会不断面临新问题。

(4)水电工程固定性决定了施工的流动性，使得作业人员经常更换工作地点和环境。水电工程施工人员随着建设对象的不同而经常流动，水电工程项目固定在建设地点不能移动，劳动者和劳动资料就必然要经常流动转移。在一个水电工程项目工地上，专业作业队和施工机具在某个工作面上完成了专业工作后，就要撤离下来，转移到另一个工作面上，具有许多小的流动性。一个水电工程项目建成后，建设者和施工机具就要转移到另一水电工程项目工地，具有大的流动性。施工流动性给水电工程安全生产带来巨大影响。

(5)项目部与企业总部分离使得安全措施得不到充分落实。水电工程施工企业往往同时承担多个项目的施工任务，水电工程施工企业大都推行项目化管理，项目部与企业通常处于分离状态。这就使得安全管理工作主要由项目部承担。但是，由于项目部经常压缩安全投入，企业总部的安全措施往往得不到落实。

(6)水电工程施工作业的非标准化使建设现场危险因素增多。施工企业生产过程技术含量低，低技术含量决定了从业人员的素质相对普遍较低。而施工单位往往安全培训投入不足，使得违章操作现象时有发生，这使不安全行为成为重要的事故隐患。

(7)目标导向对施工企业形成一定的压力。水电工程建设中的管理主要是目标导向的管理，只要结果(建设产品)不求过程(安全)，而安全管理恰恰体现在过程上。项目具有明确的目标和资源限制，使得水利水电施工企业承受较大的压力，进而对建设安全产生不利影响。

第三节　水电工程施工预警管理的原理

一、水电工程施工事故预警管理的系统原理

系统就是若干相互联系、相互作用、相互依赖的要素结合而成的，具有一定的结构和功能，并处在一定环境下的有机整体。系统的整体具有不同于组成要素的新的性质和功能。具体来讲，系统的各要素之间、要素与整体之间，以及整体与环境之间，存在着一定的有机联系，从而在系统的内部和外部形成一定的结构。

系统是普遍存在的。任何一个管理对象都可以看成特定的系统。组织管理者为了实现管理的有效性，就必须对管理进行充分的系统分析，把握管理的每一个要素及要素间的联系，实现系统化的管理。

管理的系统原理源于系统理论，它认为应将组织作为人造开放性系统来进行管理。它要求管理应从组织整体的系统性出发，按照系统特征的要求从整体上把握系统运行的规律，对管理各方面的前提进行系统的分析和优化，并按照组织活动的效果和社会环境的变化，及时调整和控制组织系统的运行，最终实现组织目标，这就是管理系统原理的基本含义。

水电工程的施工事故预警就是一个系统，研究水电工程事故预警需要运用系统的观点对水电工程的施工活动进行分析。运用系统原理研究水电工程事故预警需要遵循以下原则。

1. 动态相关性原则

动态相关性原则是指水电工程施工事故预警系统的正常运转，不仅受到预警系统自身条件和因素的影响和制约，还受到其他有关系统的影响，并随着地点、时间以及工作人员的主观努力程度而不断发生变化。具体说来，动态相关性原则可以从两个方面来理解。

(1)系统内各要素之间的动态相关性是事故发生的根本原因。正是由于构成管理系统的各要素处于动态变化之中，并相互联系、相互制约，事故才有发生的可能。

(2)良好的信息反馈手段对于掌握与事故预警有关的所有对象要素之间的动态相关特征非常重要。良好的信息反馈手段，有助于随时随地掌握水电工程施工的动态情况，有助于处理各类问题时充分考虑到各种事物之间的动态联系。

2. 整分合原则

整分合原则是指为了实现高效的管理，必须在整体规划下明确分工，在分工的基础上进行有效综合。具体而言，就是在水电工程施工事故预警管理活动中，首先需要从整体上分析系统的环境，把握系统的整体性质、功能，确定系统的总体目标；然后围绕总体目标，从多方面进行合理分解与分工，构建系统的结构与体系；最后在分解与分工的基础上，对各环节、要素、部分及其活动进行系统的综合，协调管理，最终实现系统的整体目标。

整体把握是前提，科学分工是关键，综合组织是保证。没有整体目标的引导，分工就会盲目混乱；没有分工，整体目标则很难高效实现。如果只有分工，没有协作，没有综合，各环节就会出现脱节，以致各环节不能有效衔接，系统的整体功能则难以发挥。

3. 弹性原则

弹性是与刚性相对应的，是物体本身的一种特性，是指物体发生弹性形变后能恢复到原来状态的能力。所谓的弹性原则是指事先考虑系统内部情况和外部环境的不确定性，充分认识、判断不断变化的各种可能性及其概率分布，从而在制定目标、计划、策略等方面留有余地，并做相应准备，以增强组织系统的可靠性和柔韧性，提高系统对未来态势的应变能力。

水电工程事故预警管理面对的是错综复杂的环境和条件，因此保持良好的弹性对于水电工程施工事故预警有着十分积极的作用。一方面不断推进预警管理的科学性与规范化，加强监测、识别、评价与预控；另一方面采取多种预警方法相结合的方式，提高预警管理的精度，实现全面、全员、全过程的安全管理。

4. 反馈原则

反馈是指控制过程对控制机构的反作用，即由控制系统把信息输送出去，又把输出结果返送回来，并对信息的再输出发生影响的过程。反馈原则是指为了实现系统目标，把行为结果传回决策机构，使因果关系相互作用，实行动态控制。为了使组织系统的弹性作用得以充分发挥及优化目标得以最终实现，就必须对环境变化和每一步行动结果进行不断跟踪，及时准确地掌握变动中的态势，进行"再认识、再确定"。一方面，一旦发现原计划、目标与客观情况发展有较大出入，立即作出适时性调整；另一方面，将行动情况与原来的目标要求相比较，若有"偏差"，则采取及时有效的纠偏措施，以确保组织目标的实现。

水电工程施工事故预警是一项复杂的系统工程，其内部条件和外部环境均在不断地发生变化。在预警系统运行过程中，需要不断地将中间输入与客观情况进行比较，一旦发生偏差，分析产生偏差的原因，及时采取措施作出相应调整，实现对系统的优化。

5. 闭环原则

闭环原则是指在任何一个管理系统内部，管理手段、管理过程等都必须构成一个连续封闭的回路，才能形成有效的管理活动。虽然任何系统都在外界不断进行着物质、能量、信息交换，但是在系统内部却是一个相对封闭的回路。物质、能量、信息就是通过这条内部的回路实现自律化和合理流通。

闭环原则运用到水电工程施工事故预警管理中就要求预警管理部门之间、预警管理人员之间、预警方法之间必须具有紧密的联系，形成一个相互制约的回路，保证预警活动的有效正常进行。

二、水电工程施工事故预警管理的征兆原理

征兆意为征候、先兆，事故发生前显现的即将或可能要发生事故的迹象。在水电工程施工安全事故发生前，工程施工中的某些要素已经或正在发生变化，如果这些变化无法被有效识别，或者能够被识别但无法制定出有效的预控对策，那么这些发生变化的要素必然将引发安全事故。因此，安全事故的发生必然存在一些表征现象。这些表征现象即事故征兆，它与事故的发生存在着极大的正相关性。有的征兆易于被发现，通过视觉或经验可以直接获取，有的征兆是潜在的，需要通过深入研究才能够把握。如果能及早发现事故征兆并及时采取应急排险措施，就有可能阻止事故的发生；即使不能阻止事故的发生，也可以通过撤出相关人员并采取应急保护措施，减少事故造成的伤害和损失。因此，征兆原理是事故发生内在规律性的重要体现。

征兆原理是指人们在研究事故成因的基础上辨识事故发生前的各种先兆，及时采取各类有效措施，预防和减少各类事故发生。对于水电工程施工事故而言，事故征兆不是事故，而是在施工中未造成"事故"一类后果，但危及施工安全的一切反常情况。事故征兆出现在施工事故的起因物从开始响应到事故爆发的这一时段内，通常经历孕育和发展两个过程，但也有很多事故是突发性的，如高空坠落、物体打击、机械伤害等，几乎没有孕育过程。因此即使有事故征兆，也很难及时迅速作出应急反应。虽然事故后果以及后果的严重程度都是随机且很难预测的，但是一般的事故征兆是可以被检测和发现的。一旦发现可能会导致事故的"苗头"，就应该发出警报，并采取相应的防范和处理措施。

水电工程生产系统是一个复杂的"人、机、环"系统，它包括水电工程项目内部生产的"人、机、环"系统、项目外部"人、机、环"系统、水电工程所在地域自然环境及所在地域社会环境四个子系统。各个子系统内部及各个子系统之间存在着错综复杂的制约和协调关系。任何子系统内部的不平衡及任何子系统之

间的不协调都可能引发整个水电工程生产系统的不稳定，进而引发人的不安全行为、物的不安全状态及环境的不良条件等事故征兆。

从更深层次的角度而言，人的不安全行为、物的不安全状态及环境的不良条件是事故征兆的三类主要表现形式。事故征兆的三种表现形式相互作用、互为因果。某种征兆的发生可能引发另外两种征兆的出现；某两种征兆的共同作用可能引发第三种征兆。事故征兆是事故发生的直接原因，它与事故的发生有直接的因果关系。某种事故征兆的出现预示着某类安全事故即将发生。事故征兆进一步发展的结果将引发安全事故。直接原因只不过是基本原因的征兆，是一种表面现象，如果只抓住作为表面现象的直接原因而不追究其背后隐藏的深层原因，则永远不可能从根本上杜绝事故的发生。同时，水电工程施工事故预警管理人员应该能够预测及发现那些管理缺欠的征兆的直接原因，并采取适当的改善措施。

事故征兆是引发安全事故的重要一环，是水电工程施工安全事故因果链中的一个重要节点。识别危险源是发现事故征兆的前提条件。根据两类危险源理论，事故隐患就是第二类危险源的客观存在，是已经呈现危险态的人或物，是可能导致事故发生的现实危险。大多数导致施工安全事故发生的最小割集属少事件割集，这就造成事故隐患存在与否对事故发生的可能性影响极大，事故隐患的存在是事故危险显现的重要标志。及时发现各种事故隐患，实时监测事故隐患的表现形式和发展势态，对于提高水电工程施工事故预警水平有着非常重要的作用。

三、水电工程施工事故预警管理的"三全"原理

全面安全管理是一种将系统安全管理与传统安全管理相结合的综合管理方法，由全面质量管理（Total Quality Control，TQC）演变而来，其基本思路是：以系统整体性原理为依据，以目标优化原则为核心，以安全决策为主要手段，将安全生产过程乃至企业的所有工作作为一个整体，进行统筹安排和协调整合的全面管理。预警管理作为安全管理的一个重要组成部分，将全面管理的思想应用到水电工程施工事故预警管理过程中，是水电工程施工事故预警管理发展的迫切需求，更是水电工程持续健康稳定发展的现实需要。水电工程施工事故的全面预警管理包括全方位预警管理、全过程预警管理及全员预警管理等三个方面的内容。

（一）全方位预警管理

全方位预警管理是涉及水电工程施工各个环节横向铺开的一种管理方式。全方位预警管理指对系统的各个要素及转换过程，从时间到地点进行全面分析、全面辨识、全面评价、全面预控，做到疏而不漏，保障安全施工。具有危险态的人或物，皆有可能随施工系统的各构成要素及环境进入施工过程系统。在施工过程中，施工各构成要素的单元，皆有可能由安全态劣化成危险态。不具有安全生产

许可资质的施工承包单位、未取得安全培训上岗合格证的从业人员、缺少使用许可证的特种设备、具有缺陷的原材料等都是水电工程预警管理过程中监测的对象。转换过程中的安全生产责任制、安全检查制度、安全教育培训制度（新员工入场教育、日常安全教育、特种工安全培训）、生产安全事故报告处理制度、安全生产奖罚制度、应急机制、安全技术标准规范及操作规程等管理因素及各种环境变化因素也是预警管理中不容忽视的内容。

（二）全过程预警管理

预警管理是一项连续性的活动。全过程预警管理是指针对水电工程的整个施工阶段进行全过程的预警管理，具体是指从施工的准备阶段、建设阶段（包括分部工程和分项工程）到竣工验收阶段进行检测、识别、诊断、评价和预控。全过程预警管理要求对施工准备期加强监管，严防危险态进入施工过程系统，同时对施工过程的各阶段，包括起吊设备安装、运行（含检修）及拆除等，都要防止原本处于安全态的人、物或环境等要素劣化演变成危险态。例如，从业人员的某次违章行为，不良作业条件或经常性的连班作业会导致机械设备加速磨损与老化，汛期施工抢进度、抢险情，多施工单位在同一区域或标段施工而协调管理、安全监控措施不到位等。总之，全过程预警管理贯穿于水电工程的整个施工过程，形成了纵向一条线的安全管理模式。

（三）全员预警管理

水电工程施工事故预警管理涉及整个工程项目实施过程中的所有相关单位、相关部门及全体作业人员。任何一个单位、任何一个部门、任何一个员工出现疏忽或失职，都有可能酿成安全事故。因此，水电工程施工事故预警一方面要求施工承包单位、监理单位和工程建设单位分工协作，上下结合，各司其职，有序监控；另一方面要求将预警任务和目标分解到部门，使其指导、提醒监督预警部门的施工事故预警工作，同时预警管理需要专业和经验相结合、技术与管理相结合。有效的预警管理需要全员参与，充分发挥各自的优势，构建"人人管安全，人人保安全"的良好氛围。

本 章 小 结

本章对水电工程项目、水电工程施工、水电工程施工预警管理等各自特点进行了概述，并以系统、征兆、"全方位—全过程—全员"等原理为视角，结合水电工程施工事故预警管理活动特征，最终归纳总结出水电工程施工事故预警管理相关原理，为后续研究提供了理论支撑。

第三章　水电工程施工事故成因机理分析

水电工程施工事故具有复杂多变性、损失性等特点，因此，建立社会联动机制，加强水电工程施工事故预警管理，防止和矫正水电工程施工事故失控诱发因素的发生和发展，保证水电工程施工系统处于有秩序的安全状态成为水电工程施工事故预警管理的当务之急。本章以水电工程施工事故为讨论主体，根据水电工程施工风险特征，理清水电工程施工风险的内涵，分析水电工程施工事故风险构成以及分布规律，揭示水电工程事故的产生机理。

第一节　水电工程施工风险的内涵与特征

一、水电工程施工风险的内涵

风险(risk)，通俗地讲，就是发生不幸事件的概率[129]。风险是客观存在的，一旦风险发生，就可能导致事故，并造成生命财产损失。此外，风险涉及人身安危及社会财产安危，同时也代表事故、灾害等坏兆头的存在。风险还特别表征事故发生的可能性及严重程度。

2001 年国家经济贸易委员会发布《职业安全健康管理体系审核规范》，其对风险定义为：特定危害性事件发生的可能性与后果的组合。国家质量监督检验检疫总局制定的国家标准《职业健康安全管理体系规范》(GBT/28001-2001)对风险的定义是：某一特定危险情况发生的可能性与后果的组合。

在水电工程施工事故预警管理的研究中，对风险作出如下定义：风险是导致事故发生的前提条件，由事故发生的可能性及其损失后果界定，通过风险率来描述风险的严重程度，即风险率可用来衡量风险严重程度。

通过上述分析，对风险率定义如下：

$$R = PC \tag{3-1}$$

式中，R 为风险率；P 为事故的发生概率；C 为严重度，即事故后果的严重程度。

在以上对风险的定义中，严重度 C 是对事故的描述，且事故包括已发生事故和将会发生事故两个部分。但是，风险所度量的是系统的危险性，仅通过事故来衡量系统的风险大小并不太全面。从系统安全的角度出发，风险是系统危险影响因素的函数，即风险率可概括性地描述为如下的形式：

$$R = f(R_1, R_2, R_3, R_4, R_5) \tag{3-2}$$

式中，R_1 为人的因素；R_2 为物质、设备因素；R_3 为环境因素；R_4 为管理因素；R_5 为其他因素。

安全与危险在同一事物的运动中是相互对立，相互依赖而存在的。绝对安全观的思想认为安全就是没有危险，不出事故，不受威胁，即消除可能导致设备财产破坏、损失，人员伤害、发生疾病、死亡，以及危害环境的条件[130]。事故的发生有一定的概率，从而不能忽视"没有零概率现象"的理论。绝对的安全在现实社会中是不存在的，因此绝对安全观是不太严密的一种观点。

随着对安全的研究，该研究领域的许多学者相继提出了相对安全观。相对安全观认为安全是在具有一定危险性条件下的状态，安全并非绝对无事故[131]。

国家质量监督检验检疫总局制定的国家标准《职业健康安全管理体系规范》以及国家经济贸易委员会发布的《职业安全健康管理体系审核规范》对安全的定义均为相对安全观。

用发展的观点讨论安全，那么安全的接受水平是与经济的强弱、技术的进步、人类整体素质水平的提高、社会的发展息息相关的，不同社会发展时期的接受水平不同；同一行业在不同国家接受水平也不相同，它应当与其当前国家整体的发展水平相一致。

与风险联系密切的是危险源，又称为危险的根源。它原本指的是能产生和释放能量的物质。国家标准《职业健康安全管理体系规范》对危险源的定义则是：可能导致财产损失、伤害或疾病、工作环境破坏或这些情况组合的根源或状态。显然，这一定义与上文分析是一致的。

另一个概念——重大危险源则是指工业活动中危险物质或能量超过临界量的设备、设施或场所。我国 2001 年 4 月 1 日实施的国家标准《重大危险源辨识》（GB18218—2000）给出重大危险源的定义是：长期或临时地生产、加工、搬运、使用或储存危险物质，且危险物质的数量等于或超过临界量的单元。

在事故致因理论中，广义危险源分为两类：第一类危险源是危险的根源，指系统中存在可能发生意外释放的能量或危险物质，是事故发生的前提，决定事故后果严重程度；第二类危险源是危险源的状态，指导致约束、限制能量及危险物质的措施失效或破坏的各种不安全因素，是第一类危险源导致事故发生的必要条件，决定事故发生可能性的大小。因此，事故隐患就是第二类危险源的客观存在，是已呈现危险态的人或物，是可能导致事故发生的现实危险[132]。下面详细分析水电工程施工现场的两类危险源内容。

1）第一类危险源

根据水电工程施工期的实际情况，将第一类危险源分为施工作业活动、大型设备、设施场所等三类危险源[133]。

（1）施工作业活动类危险源包括：土方开挖、石方明挖、石方洞挖、边坡支护、洞室支护、斜井竖井开挖、石方爆破、砂石料生产、混凝土生产、混凝土浇筑、模板工程、钢筋工程、灌浆工程、化学灌浆工程、填筑工程、金属结构制作安装、水轮机安装、发电机安装、电气设备安装、一般建筑物拆除、围堰拆除等共21种危险源。

（2）大型设备类危险源有：通勤车辆、大型施工机械共2种危险源。

（3）设施、场所类危险源有：脚手架、爆破器材库、油库油罐区、材料设备仓库、供水工程、供配电工程、通风工程、道路桥梁隧洞等共8种危险源。

2）第二类危险源

现代水电工程建设，普遍采用业主制、项目合同制，会着重考虑项目效益。为了提高工程项目的效益，管理者往往会提出紧张的工期要求，而水电的黄金施工期在枯水期，这个时期气温较低，作业人员相对较迟钝，而且作业时间也较长，这时很容易产生事故。

本书讨论的"事故"（accident）一词极为通俗，但至今对事故的确切内涵尚无统一定义。牛津词典中将事故定义为"意外的、特别有害的事件"，美国Heinrich将事故定义为"非计划的、失去控制的事件"。还有的研究学者从能量观点角度解释事故，认为事故是能量逸散的结果。

我国国家标准《职业健康安全管理体系规范》将事故定义为：造成死亡、疾病、伤害、财产损失或其他损失的意外事件。

以上对事故的各种定义都是从不同角度或不同侧面进行阐释的，但这些定义都强调了事故是一种意外事件或称随机事件。查阅和参考多位学者对事故的分析后，对事故作出如下定义：在人们有目的的行为过程中，由于未能有效控制风险而突然发生的、违背人们意愿的偶然事件。它的发生可能迫使系统暂时或较长期地中断运行，也可能造成人员伤亡或者财产损失，或者二者同时出现。

二、水电工程施工风险的特征

水电工程施工是一项施工周期长，施工人员多，施工难度大的系统工程，在施工转换工程中的风险具有如下几个典型特点。

1）不均衡覆盖性

绝大多数水电工程都是具有综合功能的水工建筑物群，由于工程枢纽的特点、地质地形的限制或者其他方面的要求，通常建筑物总体布置不均匀，即分散布置与集中布置并存，水电施工的这些布置及结构特点，决定了水电工程施工风险的区域不均衡性。

2)复杂多变性

水电工程施工的自然环境和作业通常比较复杂，容易受到洪涝、地质、地震、冰雪等具有不确定性和不可控因素的影响。同时，由于空间的广度及时间的延度，这些影响将呈现不规律的动态变化的特征。此外，构成水电工程施工风险的因素总是在不断变化，因此风险存在与否、存在形态、风险特征也是动态变化的。以上各种因素的影响以及它们的相互作用，使得水电工程施工中的风险呈现复杂多变的特征。

3)大跨度分布性

水电工程施工风险的大跨度分布性主要表现在：一是由于地形地质、工程特点或其他方面的要求，水电工程主体建筑物在空间分布上，经常会出现不同建筑大空间距离分布的情况，决定了其在空间(横向)分布方面的大跨度性；二是水电工程一般都有较长的建设周期，决定了其在时间分布方面的大跨度性。

4)突发性

如今的水电工程具备规模大、施工周期长、施工密度大的特点，因此极易受自然环境的影响，于是某些自然灾害的突发性就延伸到水电施工风险中。此外，工作人员安全意识、风险认识的局限或疏忽，往往未留意风险因素的渐变过程，致使水电工程安全事故的发生具有突发性。

5)高损失性

与一般性风险不同，水电工程规模庞大、覆盖地域广泛，具有较强的危险性，而且风险损失包括直接损失与间接损失，因此水电工程施工安全风险体现了高损失特性。

第二节　水电工程施工事故风险构成要素及分布规律

一、水电工程施工作业危险分析

为什么会发生水电工程施工事故？简言之，即人的不安全行为与物的不安全状态在同一时间和空间相遇就导致事故的出现。要预防事故发生，通常采取以下几种方式[134]：①约束人的不安全行为；②消除物的不安全状态；③同时约束人的不安全行为，消除物的不安全状态；④采取隔离护防措施，使人的不安全行为与物的不安全状态不相遇。

采取何种方式来预防事故发生，就要对各事故类别的风险要素进行分析，从而有的放矢。本节将历史数据和现有的调查数据进行对比，寻找施工技术发展变化对风险要素的影响。

（一）事故类别风险数据统计

对水电工程施工行业伤亡事故的统计，历史上有过两次较全面的统计。

第一次是 1995 年，对中国水利水电工程总公司所属企业、中国葛洲坝集团股份有限公司、武警一总队等 17 家大型施工企业在 1978~1994 年发生的工伤事故进行了统计，其入选原则是：①一次事故死亡 1 人（含 1 人）以上的案例；②虽无人员伤亡，但一次事故的经济损失达到 10 万元（含 10 万元）以上的案例。当时共统计到 636 个案例[135]，统计结果表明，水电工程施工行业高概率事故类别排序前 7 类分别是：高处坠落、提升及车辆伤害、触电、物体打击、坍塌、机械伤害、起重伤害。这七类事故的案例数与死亡人数分别占统计案例数、统计死亡人数的 85.85%、87.07%。按工种统计时共统计了 600 个案例，死亡人数 697 人，其中民工死亡 87 人，占工种统计死亡人数的 12.48%。按工种排序（表 3-1）前 16 名中，16 个工种共死亡 450 人，占工种统计死亡人数的 64.57%。

表 3-1　死亡事故按工种分类统计表（1978~1994）

序号	工种	伤亡人数	百分比/%	序号	工种	伤亡人数	百分比/%
1	木工	67	9.61	12	钻工	13	1.87
2	驾驶员	60	8.61	13	炮工	10	1.43
3	混凝土工	59	8.46	14	砖瓦工	9	1.29
4	电工	53	7.60	15	水泵工	8	1.15
5	风钻工	49	7.03	16	装载机工	7	1.00
6	电焊工	29	4.16	17	技术人员	15	2.15
7	起重工	24	3.44	18	管理人员	31	4.45
8	修理工	17	2.44	19	其他人员	21	3.01
9	钢筋工	17	2.44	20	民工	87	12.48
10	普通工	15	2.15	21	其他工种	93	13.34
11	钳工	13	1.87		合计	697	100.00

工种统计说明：

共统计到 61 个工种加 4 类人员，工种种类归为 65 类。表 3-1 中列出了 16 个工种。技术人员指从事工程技术工作的工程师、技术员、施工员、质检员等技术干部。其他人员包括家属工、清洁工、炊事员、民警、学员等。其他工种主要有：水泵工、灌浆工、电运工、清理工、皮带工、门机工、架子工、支撑工、测量工等 45 个。

第二次较全面的统计是在 2000 年，对中国水利水电工程总公司所属企业、中水第十二工程局等 15 家大型施工企业，在 1994～1999 年发生的工伤事故进行了统计，共统计了工伤事故 1455 起，其中符合上述入选原则的有 136 起。统计结果表明，水电工程施工行业高概率事故类别排序前 7 类分别是：提升及车辆伤害、高处坠落、起重伤害、坍塌、触电、物体打击、机械伤害。这七类事故的案例数与死亡人数分别占统计案例数、统计死亡人数的 90.00%、88.00%。按工种统计时共统计了 98 个工种加 4 类人员（技术人员、管理人员、其他人员、一般干部），共统计伤亡人数 1423 人（含死亡、重伤、轻伤），工种统计伤亡人数占统计伤亡人数的 89.22%。按工种排序前 31 名见表 3-2[136]。

表 3-2　伤亡事故按工种分类统计表（1994～1999）

序号	工种	伤亡人数	百分比/%	序号	工种	伤亡人数	百分比/%
1	汽车驾驶	130	9.14	17	车工	18	1.26
2	电焊工	111	7.80	18	测量工	16	1.12
3	电工	80	5.62	19	安装工	16	1.12
4	修理工	74	5.20	20	运转工	14	0.98
5	木工	72	5.06	21	管道工	13	0.91
6	起重工	45	3.16	22	内燃机工	13	0.91
7	钢筋工	45	3.16	23	电运工	12	0.84
8	特驾	45	3.16	24	力工	12	0.84
9	钳工	43	3.02	25	船工	11	0.77
10	铆工	39	2.74	26	灌浆工	10	0.70
11	砼工	38	2.67	27	一般干部	127	8.92
12	风钻工	36	2.53	28	管理人员	43	3.02
13	钻工	30	2.11	29	技术人员	31	2.18
14	浇筑工	29	2.04	30	其他人员	39	2.74
15	炮工	20	1.41	31	其他工种	192	13.49
16	支模工	19	1.34		合计	1423	100.00

工种统计说明：

共统计到 98 个工种加 4 类人员，工种种类归为 102 类。表 3-2 中列出了 26 个工种。特驾指操纵工程机械，如装载机、推土机、挖掘机、电铲、多臂钻等设备的作业人员。一般干部指统计表中给出干部身份但未明确职务的人员。技术人员指从事工程技术工作的工程师、技术员、施工员、质检员等技术干部。其他工种主要有：机械工、空运工、开挖工、架设工、配管工、钻灌工等 72 个。

伤亡数的工种分布如图 3-1 所示。

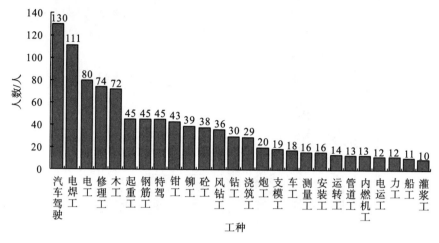

图 3-1　各工种伤亡人数分布

（二）事故类别风险排序

1994～1999 年统计高概率事故排序前 7 类如图 3-2 所示[137]。

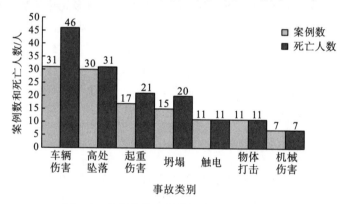

图 3-2　高频事故案例数及死亡人数直方图

根据图 3-2 在这七类事故中，高处坠落、物体打击、机械伤害三类事故的重伤人数远高于死亡人数。频发事故死亡和重伤人数如图 3-3[138]所示。

从图 3-3 直方图可以看出，工种排序发生了变化，受伤害人群呈现多元化趋势。在 1978～1994 年统计资料中，伤亡人员按工种排序，前七位分别是：木工、汽车驾驶、砼工、电工、风钻工、电焊工、起重工，这七类伤亡人员占伤亡人员按工种统计总数的 48.91%。

在 1994～1999 年统计中，伤亡人员按工种排序，前七位分别是：汽车驾驶、电焊工、电工、修理工、木工、起重工、钢筋工，这七类伤亡人员占伤亡人员按工种统计总数的 39.14%。

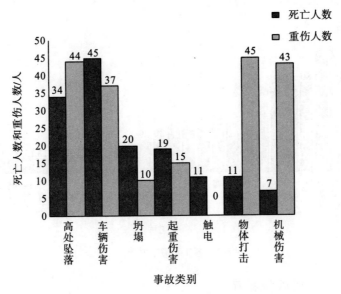

图 3-3　频发事故死亡和重伤人数直方图

　　这表明工种的集中程度有所降低，受伤害人群呈现多元化趋势。在本次工种排序中，木工由原来的第一位下降到第五位，砼工、风钻工分别由原来的第三位、第五位下降到第十一位、第十二位，而钢筋工受伤害的概率有所增加。分析其原因，与施工现场工艺与技术的改进密不可分，如钢模板代替木模板、滑模工艺的使用、现场砼运输方式的改进、砼养护技术的变化等。另外，特种作业人员受伤害的概率依然较大。

（三）事故类别及风险调查分析

　　为了进一步了解与确认水电工程施工场地从业人员的风险分布规律，在已有资料与数据的基础上，本次调查涉及特大型水电工程施工生产中的事故类别风险与施工岗位职业危害风险两部分。

　　由于回收的调研表合格率低，本部分研究工作发放调查表三次，共 300 余张，收回调查表 300 多张，但是经过统计与整理，完全合格调查表仅 48 张。调查表发放对象有安全管理干部、项目管理负责人、业主单位项目管理技术干部、一线施工人员、现场施工技术员等。统计结果有如下三类。

1. 危险概率

　　结合加法和权重的方法，对 48 份有效调查表进行统计分析得出，事故类别按水电施工常见事故的危险概率排序为：高处坠落、物体打击、机械伤害、提升车辆伤害、触电、起重伤害、坍塌、放炮、灼烫、火灾、其他爆炸、淹溺、中毒和窒息、煤与瓦斯突出、其他伤害。事故危险概率加法及百分比的具体结果排列如图 3-4 和图 3-5 所示。

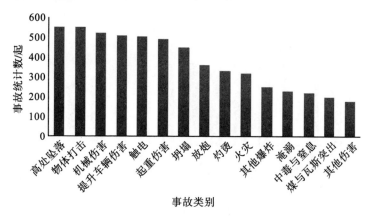

图 3-4　事故危险概率的加法结果

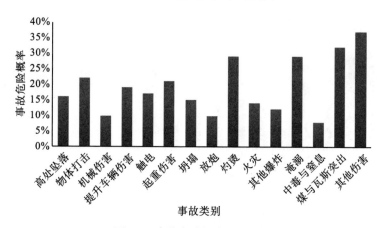

图 3-5　事故危险概率的百分比

　　从加法结果排序可以看出，高处坠落、物体打击、机械伤害、提升车辆伤害、触电、起重伤害、坍塌是高频事故，而 1994～1999 年统计高概率事故排序前 7 类的是：车辆伤害、高处坠落、起重伤害、坍塌、触电、物体打击、机械伤害[139]。两种排序结果的差异说明，当今水电工程施工的机械化水平和施工方法的科学化有较快发展，而对人的管理却未能跟上，特别是施工企业改制导致大量有证无能的协议工进入施工操作岗位，导致人的不安全行为更多发生，而改制前的施工企业施工操作人员多为"正规军"。

2. 后果严重程度

　　根据调查统计分析，事故类别按水电施工事故发生后果严重程度排序为：坍塌、煤与瓦斯突出、放炮、火灾、其他爆炸、提升车辆伤害、高处坠落、中毒与窒息、触电、起重伤害、机械伤害、物体打击、淹溺、灼烫、其他伤害。事故危险程度的加法及百分比的具体结果排列如图 3-6 和图 3-7 所示。

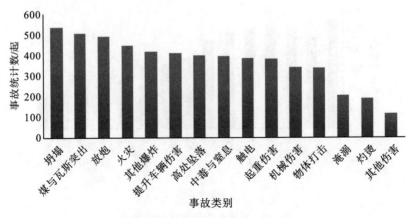

图 3-6　事故危险程度的加法结果

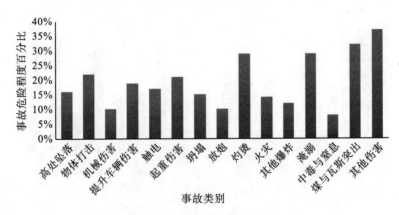

图 3-7　事故危险程度的百分比

将安全事故后果严重程度的统计结果与危险概率的统计结果进行对比，可以看出，安全事故可能存在高概率低危险或低概率高风险的情况，如坍塌事故的危险概率的排名在第 7 位，而其后果严重程度排名在第 1 位。这需要从安全经济学角度进行研究，如采用分割多目标风险模型（PMRM）进行优化决策[140]。

3.　岗位职业

根据 20 个岗位的 39 份有效调查表，岗位职业的综合危险排序（图 3-8）为：爆破工、汽车司机、风钻工、支模工、电焊工、外线电工、撬挖工、架子工、混凝土喷射工、起重工、塔式起重机司机、空压机工、钢筋工、金属防腐工、皮带机工、金属结构安装工、轮胎式起重机司机、金属结构制造工、木工、油漆工、潜水钻工、维护电工。

图 3-8 中只列出了典型的 22 个岗位的排序，因为其中有部分岗位综合危险

排序相同。岗位职业危险统计结果表明，随着施工技术的大力发展和提高，现代水电施工的安全风险控制的重点是人的不安全行为控制。

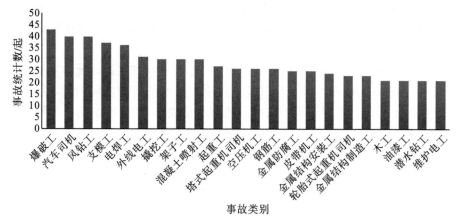

图 3-8　典型岗位职业的综合危险排序

二、水电工程施工事故多发岗位与人群的风险构成及其分布规律

1. 事故多发岗位的风险

1)一专多能型岗位

"建学习型班组，当智能型职工"是施工企业人力资源管理工作的主题。合理配置人力资源，培养一专多能（specialized and able）的复合型人才是施工企业工作的抓手。

然而，一专多能的岗位很容易陷入思维定势[141]，很容易使人产生思维上的惯性，形成一种机械、呆板、千篇一律的解题习惯。当某个新问题与旧问题形似质异时，思维定势往往会使解题者因为惯性思维而步入误区。研究表明，当一个问题的条件发生质的变化时，思维定势会使解题者墨守成规，难以涌出新思维，作出新决策，造成知识和经验的负迁移[142]。根据唯物辩证法观点，不同的事物之间既有相似性，又有差异性。当新问题相对于旧问题，其差异性起主导作用时，由旧问题的求解所形成的思维定势则往往有碍于新问题的解决[143]。

一专多能型人员在进行岗位转换时，当两类岗位属于异类性质时，上一岗位会对下一岗位起到错误的引导作用，导致不该发生的安全事故发生。

如何克服思维定势中的消极因素？根据思维定势的特征，可采用以下方法。

一是要树立辩证思维的思想方法。工作的艺术总是在否定之否定中不断提高。长期工作在一个岗位上，处理事务时应充分发扬民主，广泛听取意见。到一个新的岗位工作，应科学地分析一下自己思维定势中哪些是应当坚持和发扬的，哪些是应当摒弃和修正的。

二是把角色转换作为履行新职务的首要思想准备，尽快进入新的角色。人们在工作和生活中，总是不断扮演着不同的角色。如果一个从业人员到了新岗位后，总想踢好"头三脚"，烧好"三把火"，那么首先要想想自己从事的是什么岗位，"头三脚"要踢正别踢歪，"三把火"要烧旺别过头。

三是要加强调查研究，使自己的思维方法建立在掌握实际情况的基础上。一个从业人员到一个新岗位，一定要花相当多的精力调查了解实际情况，努力掌握第一手材料，力戒"情况不明办法多，论证不足决心大"。即使是在工作时间长了，情况相对成熟了以后，也要注意不断加强学习和研究，千万不能吃老本。

四是要广开言路，及时调整和改进思维方法。在实际工作岗位中，由于主客观因素的影响，往往很难发现自己的不足。怎样解决这个问题呢？行之有效的办法就是以人为镜，乐听逆耳良言。做到这一点很不容易，如果没有真心诚意，那么同行很难讲真话。

此外，对自己的思想方法和工作方法要经常反思。一个人想问题、办事情，完全正确是不可能的，对于一专多能型岗位，则要求少出差错，出了差错以后尽快纠正，这才是一专多能岗位应当具备的科学的工作方法。

2)劳动密集型岗位

劳动密集型岗位(labour intensive post)是指生产需要大量的劳动力，也就是说产品成本中活劳动量消耗占比重较大的岗位，又称为劳动集约型岗位。在劳动密集型岗位里平均每个工人的劳动装备不高，如钢筋工、木工、架子工等岗位，劳动密集型岗位的资本有机构成低，劳动者占用固定资产的数额较低，在产品成本中活劳动消耗所占比重较大。

劳动密集型岗位在创造效益的同时，也有一个弊端，即让更多员工盲目地进行各种机械操作。此种岗位的劳动特征极具共性，使得在这种岗位的员工产生各种心理不适反应的成因也存在许多共性[144]。

首先，从业人员面临多种应激源[145]。所谓应激是指面对突发的环境刺激所产生的适应性反应，这一现象出现的原因主要是长期过高的工作压力，进而形成应激的心理状态。在劳动密集型岗位的员工，其工作的流程、步骤是固定的，因此工作形式非常刻板单调，极易导致无奈、烦躁、抑郁等负面情绪；此外，企业的标准化管理以及对产品质量的高规范性要求，导致员工时刻处于紧张状态，这就成为经常性的应激源。同时，员工经常会有很大的任务量，进而加班加点，劳动强度非常大。此外，在劳动密集型岗位，对员工的管理简单、粗放甚至粗暴，而且经常发生流动频繁的现象，从而使员工缺乏安全感和稳定感，这也是一种长期潜在的应激源。多种应激源交织在一起，极易造成员工解决问题困难进而产生心理不适的反应，导致安全事故。

其次，缺乏保护性因素[146]。在劳动密集型岗位，一线员工绝大多数来自农村，与原有的社会支持网络接触并不多；在此岗位上，员工的流动性非常大，彼此间的交流缺少，缺乏互助支持；企业管理者大多数只关注企业效益，而不关心员工的心理需求，不为员工提供一些适宜的保障。而这些保障的缺失，大大降低了员工对企业的认同感和归属感，加重了他们的生存压力，给他们带来孤独情绪和紧张心理。

最后，个体心理素质脆弱。在劳动密集型岗位的员工绝大多数都是新生代的农民工，这些农民工比上一代的农民工思想更加活跃、独立性也更强。他们非常注重体验生活，追求梦想。这些农民工外出打工的目的远不仅仅是解决温饱问题，他们还想通过自己的努力获得体面的工作、发展机会以及一定的社会地位。然而，理想和现实的差距之巨大，让尚未成熟的这一代农民工难以适应，感到前途渺茫。此外，由于他们社会阅历浅，对困难和挫折的承受力相对较弱，容易产生各种心理不适的反应。

2. 事故多发人群的风险

1）分包人员

在总分包关系中，分承包商并不与业主发生直接关系，而是从总承包商处分包某一分项工程或某种专业工程[147]。分包模式主要有两种，一种是提供专业技能的分包商，如钢结构安装分包商、基础灌浆分包商、水轮机组安装分包商等；另一种是按惯例将所承包工程分包出去，所分包出去的子工程通常与半技术或非技术性劳动的工作有关。分包制度是水电施工不可缺少的永久性特色。这一特色和严令禁止的转包是有本质区别的。由于分包制度已逐渐普及，现在的首要工作是考虑如何对分包商作更有效的控制，进而对工地的安全水平加以改善。

《中华人民共和国建筑法》第五章第 45 条规定，施工现场安全由建筑施工企业负责。但在分包制度下，要履行这项规定十分困难，主要体现在安全培训缺少与安全意识淡薄两个方面。这是工地安全策略的关键因素。理想的做法是为工地的所有工人提供安全培训，提供最基本的标准水平（不论工人的雇主是谁）。但在分包制度下，大多数小分包商首先考虑的是利益，因此逃避培训责任的现象非常严重。据 2002 年原建设部统计，全国施工死亡人数 1297 人，仅次于交通和煤矿行业，而且有数据表明，死亡工人中有超过 14%完全没有接受过任何安全教育培训；此外，我国水电工程施工行业的绝大多数工人来自农村，自我保护意识和安全防护意识薄弱。过多分包转包导致安全教育培训、安全绩效考核等安全管理措施均不能正常进行。

2）无证上岗人员

需要持证上岗的人员主要包括生产经营单位主要负责人、企业安全主任、特种作业人员（如电工、金属焊接切割工等）。

根据国家相关法律，起重机械设备操作人员、拆装人员、吊装指挥人员等必须持有特种设备操作人员资格证书方能上岗。但是在实际现场施工过程中，存在着人员无证上岗，或是边上岗边学习，对机械设备的状况不熟悉，缺乏基础理论知识的情况[148]。例如，在塔式起重机安拆事故中，部分事故是由操作人员无证上岗，安拆顺序错乱而造成的。

安全管理措施匮乏，水电工程施工过程中，施工人员往往文化素质不高，对一些安全规章制度、操作规程了解不够深入，在施工过程中安全管理措施又无法得到保证，导致机器设备在作业过程中不能正确操作，从而导致机械伤害事故的发生；机器设备组装、安装完成后，未通过验收而投入使用导致事故发生；操作人员擅自拆除安全防护装置，导致作业过程中出现事故；施工现场环境条件差，施工人员误操作导致事故发生。

3）新从业人员

据统计局 2004 年数据，全国建筑业从业人员总计 3893 万人，其中施工现场操作人员基本是农民工，总人数已达 3201 万人，占建筑业一线人员的 80% 以上；从发生在建筑施工过程中的各类事故统计资料来看，农民工也占 80% 以上。这两个 80% 足以表明，建筑业安全生产工作的主体是农民工[149]。在水电工程施工中，不少农民工是"放下手中的镰刀，直接拿起砖刀"，未经专业的安全培训的施工从业人员，其有限的安全素质决定了不能够完全满足安全生产的需要。近年来，我国逐步重视对农民工的安全教育和培训，取得了一定的成果，但仍旧不能尽如人意。

青年职工自我表现欲望较强，好奇心理，随众心理较普遍。年轻人不但有较强的表现欲望，而且还很自信、爱逞能，喜欢在别人面前显示自己的能力。但是由于工作时间短，经验不足，对机械一知半解甚至不懂装懂充内行，乱动瞎操作，因此而造成的安全事故不在少数。

4）特种作业人员

水电工程施工特种作业人员有安全员、瓦斯员、爆破工、电钳工等 30 多个工种[150]。因其工种多，工作范围广，操作技术强，技术要求高，给安全培训造成很大困难。此外，员工文化程度参差不齐，大多数素质较低，接受能力较差，而且劳务工合同期满不能续签及受高额工资待遇诱惑的影响，导致特种作业人员队伍不稳定，流动性大[151]。

第三节　水电工程施工事故产生机理

一、水电工程施工事故统一行为范式

水电工程施工事故种类多而复杂，各种事故发生的原因与发展过程不尽相同。预警管理要求从单一事故的处理方式转变为全事故综合管理的方式，以统一的方式处理各类水电工程施工事故。因此需要建立水电工程施工事故统一行为范式，总结各类水电工程施工事故的共性特点，以统一的方式预测各类水电工程施工事故的发生发展过程。

目前，相关研究[152-154]都是局限于单一水电工程施工事故或具体事故的发生发展机理研究，没有从各类水电工程施工事故的共性出发，建立水电工程施工事故统一行为范式。下面在总结各类水电工程施工事故共性特点的基础上，抽象出水电工程施工事故发生发展的统一行为范式。

水电工程施工是一个开放的复杂系统，与外部环境不断进行着物质、信息与能量的交换。如果将水电工程施工事故也看作一个子系统，那么与水电工程施工事故相关的各种因素可以划分为以下三类：输入要素、状态要素和输出要素[155,156]，则水电工程施工事故统一行为范式是各种要素相互影响、相互作用的结果，如图 3-9 所示。

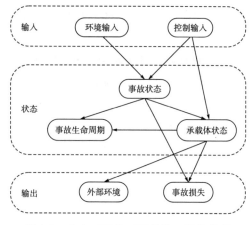

图 3-9　水电工程施工事故统一行为范式

1. 输入要素

输入要素是指影响水电工程施工系统状态发生变化的外部因素，主要包括环境输入和控制输入。

（1）环境输入。外部环境中的异常物质、能量与信息，如洪水、高空坠物等，会改变水电工程施工系统的状态，促进风险隐患向施工事故方向转变，根据载体不同，环境输入可以进一步分为人为因素、物体因素、社会环境因素与自然环境。

（2）控制输入。预警管理组织在风险隐患转化为事故之前，及时作出警情响应，采取一定的预控措施，控制事件的继续发生发展，这些预控管理措施可以看作是水电工程施工系统的控制输入。

2. 状态要素

状态要素描述水电工程施工系统在特定时刻的性质与特征，主要包括三个方面：事故状态、承灾体状态和事件生命周期。其中，事故状态主要指表征事故行为特点的核心要素，如事故级别、影响范围等，描述了水电工程施工事故的破坏能力；承灾体状态描述了在一定区域内受到该事故影响的承灾体种类与数量，承灾体可以进一步分为人群、建筑物、自然资源等子系统；事故生命周期是对事故发生发展阶段的划分，包括征兆期、发作期、延续期和痊愈期，不同的事故状态与承灾体状态对应着不同的事故生命周期阶段。

3. 输出要素

水电工程施工系统状态的变化会产生一定程度的异常物质、能量与信息，从而影响外部环境，称为输出要素。输出要素主要包括以下两点。

(1)系统状态对外部环境的影响。水电工程施工事故系统内部状态的变化会引起部分环境状态发生变化。

(2)事故带来的损失。事件与承灾体的相互作用会给人类社会和自然环境带来一定的损失，如人员伤亡、建筑物倒塌等。

根据水电工程施工系统的要素，各类水电工程施工事故统一行为范式可以描述为：由于系统外部环境的作用，水电工程施工事故的主要状态发生变化，系统内部状态要素之间的相互作用会对外部环境产生一定的影响并带来相应的损失（输出要素）；同时，预警主体根据系统的状态采取一定的预控措施（控制输入），控制系统状态的变化，各种要素之间的相互影响、相互作用共同形成了水电工程施工事故统一行为范式。

二、水电工程施工事故灾变途径

水电工程施工过程（图 3-10）的实质是一个投入—转换—产出的过程。通过人、财、物、信、时等资源的投入，在人机环管过程中转换生产，最终形成产品。水电工程建设施工也不例外，同样需要经历这样的过程，不同的是水电工程的最终产品更具独特性，水电工程建设施工转换过程更具复杂性。

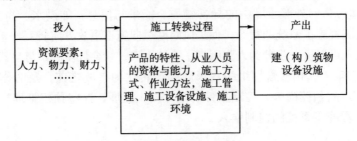

图 3-10 水电工程建设施工转换过程

在水电工程施工转换过程中，存在着安全态与危险态两种状态，危险态的形成有三种途径。

(1)施工投入的资源要素本身存在缺陷或危险因素。由于采购、准入等管理过程存在缺陷而使不合格的资源要素进入施工转换过程，如不具有安全生产许可资质的施工承包单位、缺少使用许可证的特种设备、未取得安全培训上岗合格证的从业人员等。

(2)在施工转换过程中，原本处于安全态的人、物或环境等要素劣化演变成危险态。例如，从业人员的某次违章行为，不良作业条件或经常性的连班作业会导致机械设备加速磨损与老化，汛期施工抢进度、抢险情，多个施工单位在同一区域或标段施工而协调管理、安全监控措施不到位等。

(3)施工转换过程中存在的第一类危险源以及施工环境中的客观(固有)危险因素。根据两类危险源理论，第一类危险源是指可能发生意外释放的能量或危险物质。例如，一台正在作业的带电机械设备，存在漏电的可能性，也存在挤压、撞击伤害的可能性；临边高处作业因为势能而存在坠落的可能性；在雷雨季节进行露天作业存在雷击、滑倒的可能性。

综上所述，"进入"和"劣化"两类现象的出现，均与管理缺陷有关。第一类危险源是事故发生的前提条件，一旦出现第二类危险源，就意味着第一类危险源导致事故具有必要条件。从理论上讲，第二危险源是指造成约束、限制能量和危险物质措施失控的各种不安全因素，包括物的不安全状态、人的不安全行为、管理缺陷[157]。

为了进一步说明水电工程施工事故的发生灾变途径，如图 3-11 所示，本书引入隐患补事件集概念。设事故隐患导致事故发生的事件集为 Ω，事故隐患为事件集 Ω 中的一个子集，由一个(或一些)事件组成，则事件集 Ω 中除去事故隐患的其余事件的集合，称为隐患补事件集。隐患补事件集为事件集 Ω 的另一个子集。

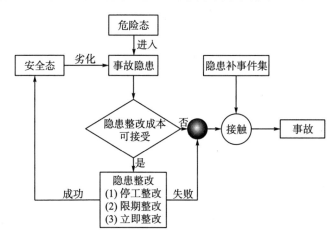

图 3-11　水电工程施工事故灾变途径

　　根据事故致因理论，事故隐患是事故发生的必要条件。在事故隐患已存在的情况下，当且仅当隐患补事件集存在，且以某种方式与事故隐患接触，安全事故才会发生。

　　有的事故隐患，由于不可控因素（如强风、暴雨、雷电等）不可能整改；或整改成本不可接受，无法整改；或整改失败。在这些情况下要防止安全事故发生，可行办法有两个：其一，防止隐患补事件集的发生。根据集合论，只要隐患补事件集中一个事件不发生，就可导致隐患补事件集不发生；其二，防止事故隐患与隐患补事件集接触。

本 章 小 结

　　本章首先对水电工程施工中风险的内涵及其特征作了详细阐述，接着介绍了水电工程施工作业危险分析，施工过程中事故多发岗位与事故多发人群的风险构成及其分布规律。最后应用系统思想归纳了水电工程施工事故发展的统一行为范式和灾变途径，提出了安全态与危险态相互转化及隐患补事件集等概念，揭示了水电工程事故的产生机理，为将预警理论与方法应用到水电施工安全管理中奠定了理论基础。

第四章 水电工程施工事故预警管理体系

在实施水电工程施工事故预警管理过程中，需要处理好安全与危险并存、安全与生产统一、安全与速度互促、安全与效益兼顾的关系。做到六个坚持，即坚持管生产必须管安全，坚持预防为主的方针，坚持目标管理，坚持动态安全管理，坚持过程控制，坚持持续改进。在水电工程施工过程中，迫切需要一套结合水电工程施工特点的施工事故预警管理体系，实现管理层面与技术层面并重，实现结构集成、流程再造、组织重构、制度保障共同推进的规范化、科学化运作，并根据统一的识别预警指标，揭示水电工程施工过程中事故及风险发生前的不良征兆，针对可能出现的事故风险进行预警及预控，对已成事实的事故进行分析、矫正，最终实现纠错与防错的免疫目的。水电工程施工事故预警管理体系如图 4-1 所示。

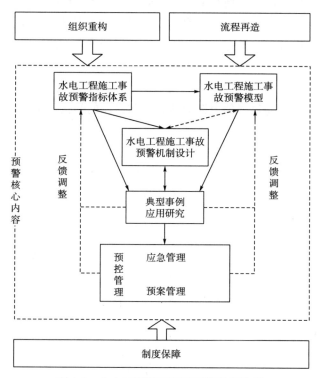

图 4-1 水电工程施工事故预警管理体系

第一节　水电工程施工事故预警管理的结构

一、水电工程施工事故预警管理的目标体系

1. 经济目标

　　水电工程施工事故预警管理的首要目标是经济目标，即降低风险发生概率，尽可能避免风险的发生，一旦风险发生，立即启动相应的控制预案，实现水电工程施工事故预警管理价值的最大化。水电工程安全事故的高损失性容易造成预警管理主体的视觉偏差，即过分紧张于如何避免风险、控制损失，然而这样的预警目标则对预警精度和预警范围都提出了更高的要求，因此，预警管理主体很容易因预警目标过大而使预警成本升高，预警价值降低。水电工程预警管理需要对施工风险进行区分与排序，对重大风险投入较大的预警成本。水电工程施工事故预警管理的经济目标之一是在考虑预警成本的前提下，尽可能避免或降低风险损失。

　　由于水电工程的社会影响非常大，所以预警经济目标的制定不能忽视对社会整体福利的影响。例如，当水电工程施工过程中感知到某种强度较大风险的征兆时，施工单位从自身经济目标出发，所作出的预警管理方式可能间接造成另外一些损失，倘若这种间接经济损失高于预警管理价值，那么说明社会福利效益在降低。因此，预警管理的经济目标之二是，对于应承担社会职能的承包商和业主，其预警的经济目标不能忽视预警造成的企业和民众的间接经济损失。

2. 社会目标

　　作为社会运行系统中的重要一环，水电工程拥有庞大的利益相关者，如股东、债权人、政府部门与社会组织，因此水电工程施工事故风险预警管理工作必须以履行社会责任为目标。首先，水电工程施工事故预警管理应重视企业与民众的间接损失，例如，日常巡查是一种有效避免人为与自然风险的重要手段，当人为风险或自然风险发生概率很低，且损失不大、系统恢复容易时，水电工程预警管理组织在施工过程中可能会取消现场巡查或大大减少巡查次数。然而，取消现场巡查或大大减少巡查次数将会提高风险发生的概率，虽然这类风险给水电工程造成的损失较小，但是突发性风险会产生较高的间接损失。因此，水电工程施工事故预警工作应考虑对社会经济与安全性的影响。其次，水电工程施工事故预警管理不能忽视其对能源过度消耗的影响。最后，水电工程施工事故预警管理不能以干扰地方居民正常生活与破坏环境为代价。

3. 健康目标

在施工风险损失评价中，对于风险导致的人员健康水平下降、人员伤亡等结果，其损失不能以赔偿的金额为依据，如果以赔偿的金额为依据，那么将可能因经济目标的引诱而提高人身安全风险的概率。水电工程施工具有高危险性，即使经济损失很低的风险也可能造成人员伤亡。在任何情况下，人身的健康与安全都是无价的，其目标地位必须高于经济目标与社会目标。例如，水电企业在招聘员工时，不能招聘技术水平不过关、安全意识薄弱，但报酬低的职员；对于已经在职的员工，当员工健康状况不佳时，企业应当禁止其带病作业，绝不允许其强行上岗。因此，水电工程施工事故预警管理应当无条件地优先考虑对人身健康的影响。

二、水电工程施工事故预警管理的功能系统

1. 辨识功能

风险辨识是运用有关知识和方法，感知风险征兆、识别水电工程施工风险，并辨析施工风险真伪以及风险成因。水电工程施工事故预警管理的辨识功能，是发现、筛选、监测与诊断风险等行为的综合，其实现过程如下。

（1）通过观察风险因素变化，识别并辨析水电工程施工风险。例如，设备质量水平不高以及工作人员操作不规范等是水电工程施工风险的因素，那么为了确定在施工过程中是否存在设备风险，可以从所有风险因素入手，如果风险因素状态已经达到促进风险发生的地步，则说明设备风险存在，此时应当分析所有风险因素找出形成该风险的原因和过程。

（2）监测风险征兆，识别风险警源。观察因素风险法，属于正向辨识方法，而监测风险征兆则属于逆向辨识方法，即通过实时监控系统，一旦出现疑似征兆，则应当立刻挖掘产生该征兆的风险因素。

监测风险征兆的辨识方法，不需要对所有风险因素进行调查，成本低且效率高，但相对观察风险因素法而言，可能会遗漏某些因素的潜在影响。因此，第一种方法适用于风险因素数量少，但作用隐蔽的事故风险，第二种方法适用于风险因素多、影响显著的事故风险。两种方法各有利弊，通常结合应用效果更为理想。

2. 度量功能

度量功能指对水电工程施工风险的发生概率和损失程度等能描述风险度的因子作出估计，为后续的预警管理工作提供技术支持，度量对象为辨识已确定的施工风险。

(1)定量度量法。主要运用大数法则、概率推理等方法，确定当前风险因素状态产生的风险概率以及损失估计。例如，水电工程施工具有较强的季节性，从众多水电工程施工单位搜集历年相关资料，可得出不同年限与施工风险概率的关系。

(2)定性度量法。水电工程施工过程中的许多风险因素难以用数据来描述，如人的安全意识、天气因素，因此在度量某些风险时必须采用类推法、经验法或惯性估计等方法定性描述，再根据不同的定性描述，完成符合实际的概率与损失值的赋值过程。

3. 评价功能

评价是根据度量的结果，结合风险演变趋势以及水电工程抗风险能力，对水电工程施工风险状况进行综合评价，主要包括两个方面的评价。

(1)水电工程施工风险的整体评价，即综合考虑各种风险评价结果与风险权重，得出水电工程施工的安全风险级别或数值。

(2)某种水电工程施工风险的评价，即评估指定风险的状态，为预警决策提供依据。

4. 警示功能

警示功能主要通过设定风险预警的各级临界值，根据施工风险评价结果来判断是否发出警示信号。如果施工风险评价结果达到或超过某一警戒值，则发出相应警示(可以用层次性的警度进行风险预报)，警示的作用在于提醒各级单位与风险管理部门防范风险，警示也具备启动相应预案的信号指示的作用。

5. 预控功能

预警管理最大的效用在于能提前感知、预先挖掘施工风险，通过早打算、早准备、早预防将风险损失降至最小。因此水电工程施工事故预警管理必须具备预控功能，而且预控功能也随风险评价结果不同而出现差异，实现风险未出现时预防、风险露出苗头时预控以及风险显化时控制。

6. 存储功能

水电工程施工过程中涉及危险因素多、关联结构复杂，在预警管理中所依托的数据、经验根本无法覆盖所有施工风险，也就是说仍然可能存在一些新型施工风险是预警管理组织所未知的。当这类风险出现后，应将其风险因素、形成机理、预警方法等内容输入信息系统加以存储。对于某种已知施工风险的预警管理，如果在实践中发现了新的风险因素或总结出更好的预警方案、措施，则应对信息库进行更新。当水电工程施工过程中出现曾有的风险征兆时，可以通过查询施工风险存储库，迅速辨析风险，并参照信息库中的成功预警方案进行预警决策管理。

三、水电工程施工事故预警管理的方案集合

预警管理组织应根据风险对象的风险度以及风险所处的发展阶段，提出能够以低成本获得高效益的预警方案，主要包括以下几种。

1）预防方案

水电工程施工事故预警管理要求通过水电工程施工事故预警管理实践，不断总结发生水电工程施工安全事故薄弱环节、主要因素，相应地完善薄弱环节，消除风险要素，提高施工过程中的安全运行能力。预防方案的目标在于防止风险的发生与提高系统的风险防范能力，前者需要消除潜在风险因素或切断风险因素与水电工程施工的关联，后者则需要根据抵御某种程度风险作为标准来控制水电工程施工过程。一般而言，水电工程施工风险的预防方案包括增强员工安全意识、高标准的技能培训、完善的管理制度、现场巡查计划等。

2）预控方案

由于人类能力的有限性以及水电工程施工风险的复杂性，不可能通过预防完全避免风险的产生与施工事故的发生，许多风险会按照预期之外的轨迹发展并最终导致事故。例如，事先制定人为风险防范方案，但由于人的精力无法始终保持集中、决策不可能始终保持正确，所以人为风险还会在特定情况下发生，而这种特定情况与自然环境、施工现场安全状态有关，往往难以估计。所以，预警管理单位应针对不同演化阶段的风险制定相应预控方案来降低风险发生概率。

实质上预警管理并非意味其职能就是预防与预控，针对已发生的安全事故的处置也是预警内容之一，即假设某种安全事故发生，应采取什么方案和措施去控制风险和损失，因此也可称为方案"预设"。

3）危机管理方案

危机管理方案是指当预料之外的施工风险发生时或极大的事故风险发生时，启动的化解危机、控制风险的方案。实质上由于假设控制对象的模糊性，不可能制定非常完善的管理方案，对于水电工程施工事故预警，危机管理方案通常是框架性计划、措施，包含一般规定风险出现时各单位的职责与任务。预警管理组织应当模拟几种情景进行危机管理方案的实施演练。

第二节　水电工程施工事故预警管理的流程

清晰明确的流程是预警管理有效运行的关键。相关学者研究表明：流程提升效能的作用不是缓慢的、渐进的，而是飞跃的、戏剧性的。水电工程事故预警管理流程是对预警业务模式的优化，有利于实现各个环节的无缝衔接，有利于提升

预警管理的水平。根据系统非优理论，"优"范畴包括优和最优，即成功的过程与结果；"非优"范畴包括失败及能够接受的不好过程与结果。实际上，绝大多数系统处于"非优"的范畴之中，从"非优"范畴的角度去分析系统形成非优的行为是一种比较适用的思想方法，称为"非优思想"。系统"非优思想"为构建水电工程施工事故预警管理流程奠定了坚实的基础。

    同时系统的动态平衡性揭示了系统是一个远离平衡又不断恢复平衡的有机体。这种动态平衡处于一种循环中，客观上要求系统不断进行内部要素的重新组合。流程是系统转化过程的反应，因此系统不断与外界进行物质、能量交换及内部要素的重新排列共同决定了揭示系统转化过程的流程是一种闭环状态。从外界的输入到中间的转换状态及最后的输出，反馈是必不可少的环节。通过反馈控制，系统不断调整、优化。

    应用系统"非优思想"，采取反馈控制的手段，构建了水电工程施工事故预警管理的闭环流程，如图 4-2 所示。

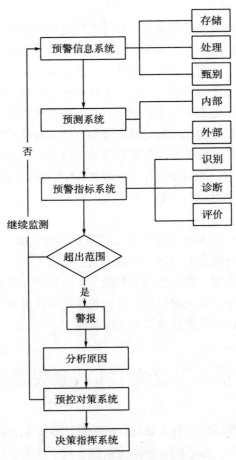

图 4-2　水电工程施工事故预警管理流程

信息论是预警管理方法的理论基础之一，从某种意义上说，预警本身就是一种信息，主要体现在两个方面：一是预警需要一定的信息作为基础，并对信息进行分析、推理与转化，预警过程还要求不断进行信息更新，实现信息采集的及时性、科学性；二是预警活动的最终输出结果是警报信息以及相关的对策库信息，是原始信息经过推断转化处理后的有价值的信息，是一种集成度高、警示性强的信息。因此，水电工程施工事故预警必须依赖一个灵敏的预警信息系统。该系统不仅包括各种历史的监测数据，还包括水电工程施工过程中各环节的实时信息。由于对信息的获取缺乏严格的监控以及缺乏对信息运动规律把握的能力和经验，使得存储的信息中不可避免地存在很多冗余信息及伪信息，如有些信息只能反映表面灾害现象而不能够反映实质，有些信息因时间滞后而导致信息过时，有些信息系人为编造，有些信息由于系统的非全息性而不能够反映整体，有些信息由于传输环节过多而导致失真。因此依据信息论的原理，运用各种信息分析和处理技术，对存储的各种信息进行处理、甄别，滤除伪信息和信息中的噪声，使原始信息转化为意识信息，转化为有价值的，可用于预警决策的信息，这对预警决策有着非常重要的影响。预警信息系统的存储、处理和甄别环节是对原始信息的初步处理，为预警管理精度的提高创造了良好的条件。

在水电工程施工过程中，水电工程的外部环境和内部条件不断在发生变化。水电工程的外部环境变化主要包括自然环境的突变、政策法规的变动、技术的革新及市场竞争环境变化四个方面。自然环境的突变，如自然灾害、生态破坏、社会动荡等，建筑政策法规的变动都会对水电工程的施工活动造成直接而深刻的影响。技术的革新会带来很多施工工艺的改变，导致某些技术、工艺、材料的淘汰，从而给水电工程施工活动的安全工作带来很大的影响。市场竞争环境的变化会引起水电工程施工活动的市场主体的考察和评价指标及标准发生变化，从而在施工要素的投入阶段就可能留下安全隐患。内部条件变化主要包括各项管理制度、管理目标和管理人员的变动与调整，这些内部条件的变化可能会导致管理活动的失误与波动。因此，预测系统的任务是根据预警信息系统中处理、甄别后的信息，运用各种预测方法，结合水电工程施工活动的外部环境和内部条件的变化，对水电工程施工活动的状况进行预测。

预警指标系统以系统科学原理为指导，将引发事故发生的主、次要因素和内、外部条件以及非优状态的主要特征量定量化、条理化及可运用化，输入到预警模型中，经过预警模型的中间处理和转化，最终对水电工程施工活动所处的各种安全状态的范围作出科学的定量估计，包括识别、诊断和评价三个环节。识别主要是选取重点指标和敏感指标，以便预警指标体系能够反映水电工程施工活动所面临的灾害风险的实际情况。诊断是对预警指标进行分析、处理、转化，并进行确定的、定量的描述。评价是将诊断过程的结果与预警准则进行比较和判别，以确定水电工程施工活动的警情。预警准则是指一套用于评判不同的情况下是否发出警报及发出何种程度的警报的判别标准或准则。预警准则的设置需要把握一定的尺度，如果设计过松，则会出现面临危险而未能发出警报的情况，造成漏警现象，从而削弱了预警的作用；如果设计过严，则会出现不该发出警报时却发出了警报，造成误警现象，一旦多次误警，就会引发"狼来了"的负面效应和不良后果，导致警报信号的信任感丧失。如果监测对象的趋势值没有超过预警准则的范围，则表明水电工程施工活动处于正常状态，预警工作不进入预控阶段，直接转入下一个监控分析循环过程；如果监测对象超过了预警准则的范围，则预警指标系统会发出警报，预警部需要根据具体的情况提出相应的预控对策方案。

当系统发出警报后，决策者应该清醒认识警报的含义，立即寻找引起事故可能发生的原因和根源，作为资料保存，同时制定预控对策，防止事故发生或减少事故造成的损失。预控对策系统就是总结历史的预控对策的宝贵经验，制定各种风险条件下的应急思路或对策，一旦发出预警警报，系统根据预警信息的性质、类型和警情程度调用相应对策。同时针对系统中生成的预控对策，预警管理人员还需进一步具体化，并经常性地组织预控对策的模拟实施，以提高预控对策的针对性、适用性和有效性。

决策指挥系统是预控对策顺利实施的保证。在战略层面上，决策指挥系统必须重视预控对策；在执行环节上，决策指挥系统必须保障预控对策实施的人、财、物等资源的充分供应及相关部门的有效配合，为预控对策的顺利实施创造便利的条件。

预控对策实施后，预警管理人员需要对水电工程施工活动的安全状况进行动态的跟踪与监控，同时结合实际情况的变化对预警管理系统的结构和功能进行不断调整、更新，从而不断提高水电工程施工安全预警管理的水平，有力地保障水电工程施工活动安全有序进行。

第三节 水电工程施工事故预警管理的组织

一、水电工程施工事故预警管理的影响因子分析

管理因子作为一种影响因素，对管理活动的正常开展有着一定的影响。当管理因子相互作用到一定程度时，不仅对管理活动的开展有严重的影响，而且对管理组织部门也会产生影响。水电工程施工风险大，危险因素多，事故预警难度大。水电工程施工事故预警不可避免地受到人的行为、管理、时间等管理因子的影响。一旦对这些管理因子控制不好，事故预警就无法取得预期的效果，甚至会引起预警管理组织机构的调整。因此，有效控制各种管理因子的相互影响，最大

限度地消除和减少事故隐患，提高安全管理绩效，对于维护预警管理组织的稳定、提升预警管理水平有着十分重要的意义。

为此，引入变量 u 表示有关因素对事故发生概率的影响，根据风险率的定义式(3-1)，有

$$R = P(u_i)C \tag{4-1}$$

式中，参数 u_i 分别是人的行为、管理、时间等因素的影响，下面将分别进行分析。

从图 3-11 可以看出，人的安全行为，特别是隐患整改措施，对水电工程施工系统的风险大小有重大影响。根据墨菲定律[158]，假设一次事故隐患未处理而导致事故的概率 $p(p>0)$，则 n 次事故隐患未处理，至少发生一次事故的概率 $P(n)$ 为

$$P(n) = 1 - (1 - p)^n \tag{4-2}$$

令 $n \to \infty$，$P(n)$ 的极限为

$$\lim_{n \to \infty} P(n) = \lim_{n \to \infty} \{1 - (1 - p)^n\} = 1 \tag{4-3}$$

由此可见，无论概率 P 多么小（即小概率事件），当 $n \to \infty$ 越来越大时，$P(n)$ 越来越接近于 1。

将式(4-2)代入式(4-1)，此时，式(4-1)中的参数 u_i 用 n 代替，表示人的安全行为的影响作用，则

$$R = P(n)C = [1 - (1 - p)^n]C \tag{4-4}$$

$$\lim_{n \to \infty} R = \lim_{n \to \infty} \{[1 - (1 - p)^n]C\} = C \tag{4-5}$$

定理 4-1　随着事故隐患次数的增加，水电工程施工事故的风险将趋于常数 C，即会发生严重度为 C 的事故损失。

因此，必须规范人的安全行为，及时发现、认真处理事故隐患，并随时对其进行监控预警，采取科学、有效的预控措施，将事故隐患转化为安全态，以消除或降低水电工程施工过程中的风险。

假定为防止水电工程施工事故，采取 n 个预控措施（或 n 个安全子系统）保证水电工程施工。只有 n 个预控措施全部失效，事故隐患才能和隐患补事件集接触，施工过程中才会发生事故。因此，这 n 个预控措施组成一个并联系统，水电工程施工系统发生事故的概率就是这个并联系统的概率。设子系统失效的概率为 p_i，则在安全管理绩效最优情况下，n 个预控措施相互独立，水电工程施工过程中发生事故最小的概率为

$$P(m) = \prod_{i=1}^{n} p_i \tag{4-6}$$

在安全管理效果最劣情况下，n 个预控措施完全相关，水电工程施工过程中发生事故最大的概率为

$$P(m) = \min(p_i) \tag{4-7}$$

而通常情况下，水电工程施工事故发生概率为

$$P(m) = \min(p_i) - \left[\min(p_i) - \prod_{i=1}^{n} p_i\right]U = \min(p_i)(1-U) + \prod_{i=1}^{n} p_i U \quad (4\text{-}8)$$

式中，U 为安全管理绩效参数，$0<U<1$。

同理，采取有效预控措施，使安全管理绩效参数 $U{\to}1$ 时，水电工程施工系统风险率为

$$\lim_{U \to 1} R = \lim_{U \to 1}\left[\min(p_i)(1-U) + \prod_{i=1}^{n} p_i U\right]C = C\prod_{i=1}^{n} p_i \quad (4\text{-}9)$$

定理 4-2 随着安全管理绩效的不断提高，水电工程施工事故的风险将趋于最低风险率 $C\prod_{i=1}^{n} p_i$。

通过定理 4-2 可以发现，水电工程施工事故最低风险率与各个预控措施失效概率 p_i 成正比，即使安全管理绩效逐渐达到最优，仍然需要建立安全管理保障体系，降低各个预控措施失效概率 p_i，使施工事故的风险率降到最小。

根据风险定义，水电工程施工过程中发生事故的概率与水电工程施工系统的可靠性 $R(t)$ 之间满足有如下关系：

$$P(t) = 1 - R(t) \quad (4\text{-}10)$$

式中，$P(t)$ 为事故发生概率；t 为时间；$R(t)$ 为水电工程施工系统在 t 时刻的可靠性。

根据陈家鼎[159]、黄瑞祥[160]相关研究，系统可靠性 $R(t)$ 为

$$R(t) = \exp\left\{-\int_0^t \lambda(t)\,\mathrm{d}t\right\} \quad (4\text{-}11)$$

式中，$\lambda(t)$ 为在 t 时刻机器、设备故障率或者人为差错率，$0<\lambda(t)<1$。

在一定时期内，假定 $\lambda(t)=\lambda$，即将系统的失效率看作常数，则

$$R = P(t)C = [1 - R(t)]C = (1 - \mathrm{e}^{-\lambda t})C \quad (4\text{-}12)$$

当 $t{\to}\infty$ 时，水电工程施工系统风险率满足：

$$\lim_{t \to \infty} R = \lim_{t \to \infty}(1 - \mathrm{e}^{-\lambda t})C = C \quad (4\text{-}13)$$

定理 4-3 随着时间的无限延伸，水电工程施工事故的风险将趋于常数 C，即会发生严重度为 C 的事故损失。

因此，在水电工程施工系统中，如果不能采取有效的措施消除或控制隐患，则风险会变得越来越大，直至发生该风险所可能引发的事故。这就要求水电工程施工事故预警管理组织应当具备较高的灵敏性，在水电工程施工系统过程中，能够及时对各类风险因素进行有效预警，并采取有效的预控措施，避免其可能带来的危害或把它控制在可接受水平。

二、水电工程施工事故预警管理的组织结构

预警管理作为一项管理活动，同样离不开载体的支撑。作为载体的组织为管

理活动的正常开展提供了强有力的保障。组织结构是指根据不同的标准将人们分配到影响不同社会角色之间关系的社会岗位上。组织结构包含两层含义：第一层含义是专业分工，即人们在组织中会被予以不同任务；第二层含义是组织部门的分工，由于部门差异而带来的不同标准决定了组织中人的行为及其规范。一旦缺少组织结构的约束，整个预警管理活动会陷入混乱，可能会出现工作不主动、相互不配合及相互推诿等局面，不利于预警活动的正常有序开展。因此，建立水电工程施工事故预警管理的组织，有利于水电工程施工事故预警管理工作的正常有序开展，更有利于水电工程施工安全管理水平的提高。

预警管理系统进入水电企业的组织结构，必然会引起原组织结构的调整与变革。新置预警功能的介入和对原管理系统某些职能的合并不但使水电工程管理系统的功能更趋完善、更加实用，而且使水电企业战略管理类职能的内容得到补充和完善。因此，预警系统已成为水电企业组织机构中一个相对独立且不可缺少的有机组成部分，并同水电企业组织中的战略管理系统、执行管理系统构成了三维立体管理功能体系，如图 4-3 所示。

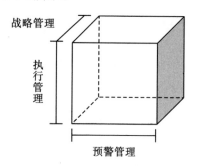

图 4-3 管理职能三维结构

按照图 4-3 管理职能三维结构所描述的水电企业组织功能结构关系，预警管理系统的监控管理范围是水电企业高、中、低各级层次及各横向职能部门。根据对预警预控职能系统的运作模式探讨，水电工程施工事故预警管理的组织机构及组织关系如图 4-4 所示。

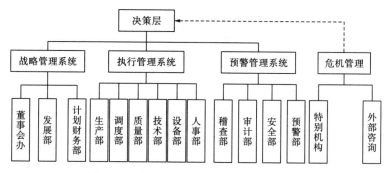

图 4-4 预警系统的组织机构及其组织关系

　　图 4-4 对预警管理系统的组织构造作了初步界定，确定了水电企业组织中三大管理系统的职能分工。在新的水电企业组织结构中，预警的职能范围得到了极大拓展。原管理系统中的稽查部门（包含纪律监察与审计部门）、保障管理部门（包含设备质量管理与检验）及安全部门等都纳入了预警管理系统的职能范围，并和新设置的预警部及危机管理小组一起构成一个新的职能组织机构体系。

　　预警部作为新设置的职能部门，专门负责管理失误的监测、诊断、矫正及日常对策，培养员工面临危机时的心理承受能力。除此之外，还负责进行各种危机性灾难的预测与模拟，设计危机管理方案，方便在特殊状态时供决策者采用。

　　危机管理小组是水电工程在遭受重大危机状态下设置的临时性指挥机构，是预警部在特殊状态下的延伸和扩大。当水电工程陷入极端困境时，水电企业的战略管理系统和执行管理系统的职能已经处于不可靠状态，而预警部在前期对各种失误的监控和矫正及其储备的危机管理方案，能够在此时发挥重要的效用。显然在这种困境中，单纯依靠自身力量很难迅速找到危机根源及有效对策，而借助外部专业咨询机构的力量和优势不失为一种正确的选择，也是战略、执行和监控职能的客观要求。

第四节　水电工程施工事故预警管理的制度

　　"没有规矩，不成方圆"，所谓的规矩就是规章制度，是指在一个社会组织或团体中要求其所有成员共同遵守的办事规程或行动准则。制度保证了组织各项活动良好的秩序，是各项活动开展成功的重要保证。制度建设作为一项制定制度、执行制度并在实践中不断检验和完善的活动，是一个没有终点的动态过程。从这个意义上讲，制度永远没有"最好"，只有"更好"。科学、积极的制度的建立，能够有效降低风险，提高各项活动开展的效率，保证各项活动成功开展。

　　本书基于预警活动的关联性，建立了水电工程施工事故的预警管理制度，以保证水电工程施工事故预警活动的顺利、有效开展，最终实现水电工程施工活动安全有序进行的目标。本书建立的水电工程施工事故的预警管理制度包括安全培训制度、安全检查制度、安全技术交底制度、考核评估制度、应急管理制度和档案管理制度。

一、安全培训制度

　　根据人本原理，在管理活动中人的因素必须放在首要位置，以体现以人为本的指导思想。安全教育培训作为一项系统性、长期性的工作，可提高员工的安全意识，增长安全生产知识，提高作业技能，有效地防止和减少人的不安全行为。

在水电工程施工活动中应扎实开展员工的入场三级教育、工种培训与专题培训，同时根据接受教育对象的不同特点，采取多个层次、多种渠道、多种方法进行经常性的安全教育培训。一旦安全培训制度执行到位，就能够有效地提高作业人员的安全防护意识，减少作业人员的不安全行为，从源头上减少事故隐患，减小预警管理的工作量和难度。安全培训作为预警管理的一项前置工作，为预警管理活动的成功开展提供了便利。

二、安全检查制度

水电工程的施工活动是一个动态的过程。在施工过程中，人、机、环境都在不停发生变化，即使在施工活动中有最完善的作业设施设备和作业环境，作业过程中产生的不断腐蚀、消耗也会使安全性能降低，更何况在施工活动的准备期，各种投入要素可能本身就存在缺陷或危险因素，如不具有安全生产许可资质的施工承包单位、缺少使用许可证的特种设备、未取得安全培训上岗合格证的从业人员等。因此，安全检查是消除事故隐患的重要手段。安全检查不仅查思想、查意识、查现场、查隐患，还查管理、查制度。其中，监督预警管理活动也是安全检查的一项重要工作内容。安全检查部门应严格监督预警管理部门是否尽职尽责开展工作，是否按照预警管理的工作流程扎实开展预警工作。安全检查活动对预警管理工作的有效监督，能够控制和减少预警管理活动中的失职渎职现象，促进预警管理人员认真履行职责，规范开展工作，不断提高预警管理工作的效率和水平。

三、安全技术交底制度

安全技术交底制度是指导施工作业人员安全施工的技术措施，是工程项目安全技术方案的具体落实。安全技术交底一般是由技术管理人员根据分部分项工程的具体要求、特点及危险因素编写的，是作业人员的指令性文件，具有具体、明确、针对性强等特点。科学的安全技术交底制度要求各层次技术负责人与方案编制人员一起针对方案如何实施进行上级对下级的安全技术交底，并提出方案中所涉及的设施安装和验收的方法及标准。施工单位的项目经理部必须明确制定安全技术分级交底的职责权限、工作程序、职责管理要求，以及分解落实、检查监督的规定。专项施工项目及企业内部确定的重点工程施工进行前，施工单位的技术负责人及安全管理机构应向参与施工活动的施工管理人员进行施工安全技术交底。各分部分项工程、关键工序及专项施工方案实施之前，施工单位的技术负责人应会同项目作业人员向参与施工活动的施工管理人员进行安全技术交底。施工总承包商应向分包单位进行安全技术交底，各分包单位工程项目的技术负责人应向作业班组进行安全技术交底，作业班组应向班组作业人员进行安全技术交底。所有的安全技术交底不仅要有口头交底，而且要形成书面交底记录，并予以备案。安全技术交底制度的实施，使施工活动各方及施工活动的各级管理、作业人员明确了安全技术措施，形成了"思想上予以提醒，技术上予以指导"的良好局面，能够控制和减少安全事故的发生，为预警管理的高效顺利实施奠定了坚实的基础。

四、考核评估制度

考核评估是对活动执行效果的评估。只有通过考核评估，才能不断地总结经验，发现问题，从而使系统不断地调整和优化。水电工程施工事故预警管理系统同样如此。考核评估不仅是针对系统预警精度的评估，还是对预警管理人员的绩效的考核。预警精度的提高一方面取决于系统本身，另一方面与预警管理人员的工作态度、工作方法是密不可分的。科学的考核评估制度，通过设置合适的考核评估指标对预警工作进行全面的考核评估，并根据考核评估的结果进行适当的奖惩。考核评估制度的建立能够激发预警管理人员工作的主动性、积极性和创造性，有利于营造一种相互学习、相互竞争、相互监督的工作氛围，有利于促进预警管理工作的顺利开展和预警管理绩效的提高。

五、应急管理制度

预警管理系统虽然能够预测事故是否会发生，并根据不同的可能发生的事故制定了预控对策，但是预警管理系统中的预控对策不够具体化，一旦突发事件发生，预控对策作用并不明显。只有将预警管理与应急管理有效结合，才能真正地预防事故的发生、控制事故的蔓延。一旦突发事件发生，相关部门应做好物资供应、财力支持、通信畅通及各方协调，组织相应救灾人员，根据事件类型和发展趋势，灵活执行应急预案进行抢险救灾，最大限度地控制和减少事故造成的损失。

六、档案管理制度

档案管理制度是水电工程施工事故预警管理制度的组成部分。水电工程施工事故预警活动涉及很多预警信息，既包括监测阶段的各种监测信息及预警指标系统中的警情输出信息，又包括警情分析和预控对策，这些信息都是预警活动的反应，应该作为档案资料分类保存。档案管理制度的建立能够形成预警活动的历史资料库，能够为以后的预警活动提供参考，能够促进水电工程施工事故预警管理水平的不断提高。

本 章 小 结

　　本章首先从事故预警的目标体系、功能系统、方案集合三个方面阐述了水电工程施工事故预警的结构；其次分析了水电工程施工事故预警的流程，包括事故预警遵循的原则和实施程序；再次根据水电工程施工事故预警功能和流程要求，设计了水电工程施工事故预警管理的组织结构，并探讨了管理因子对预警管理组织的影响；最后为了保障预警管理组织的有效运转及预警活动的有效开展，建立了水电工程施工事故预警管理的六种制度，包括安全培训制度、安全检查制度、安全技术交底制度、考核评估制度、应急管理制度和档案管理制度等。

第五章　水电工程施工事故预警
管理的指标体系与模型

水电工程施工事故预警管理的指标体系与模型，是水电工程施工事故预警的关键，直接关系到预警结果的科学性、精确性。影响水电工程施工的因素众多，因素之间也呈现出错综复杂的关系，因此需要建立一套科学合理的预警管理指标体系和模型，量化各种预警指标的影响程度，从单一指标预警、局部预警、系统总体预警三个层次刻画水电工程施工系统所处的安全状态，清晰真实地刻度预警指标和预警结果的映射关系，并经过综合分析，最终确定发出的警报。

随着人们对预警管理的重视，水电工程施工事故预警管理研究也取得了许多重要的研究成果和方法，如层次分析法、模糊综合评价法、人工智能法等，这些成果对水电工程施工事故预警管理起到积极的推动作用。然而，由于水电工程施工安全的影响因素众多，施工事故表现出极为明显的动态性、随机性和模糊性的特点，造成单一的预警模型在适用范围和预警精度等方面都有各自的局限性。因此，在实际水电工程施工事故预警应用中，应以简单、适用、可操作性强为原则，通过比较选择适合各层次的预警方法。

第一节　水电工程施工事故预警指标体系

水电工程施工事故预警指标体系(indicator system)指为完成水电工程施工事故预警目的而由若干个相互联系的指标组成的指标集。指标体系的建立不仅要明确指标体系由哪些指标组成，更应明确指标间的相互关系，即指标结构。

预警指标体系构成了一个庞大而严密的定量式大纲，依据各指标的作用、贡献、表现和位置，既可以分析、比较、判别、评价系统的状态、进程和总体态势，又可以还原、复制、模拟、预测系统未来的演化、方案预选和监测预警[161]。因此，水电工程施工事故预警指标体系的构建是水电工程施工事故预警的核心内容，是水电工程施工事故预警管理的基础，其质量的好坏，直接影响着预警结果的实用性、可靠性、可操作性及经济性[162,163]。

一、水电工程施工事故预警管理的指标体系构建原则

水电工程施工事故预警管理的指标体系的构建是一个复杂、重要的问题，在构建过程中应遵循以下基本原则[164]。

1）系统性原则

为了保证预警结果的客观性和准确性，在构建水电工程施工事故预警指标体系时，应以系统理论为基础，遵循系统性原则，包括目的性、整体性、层次结构性、相关性等。

建立预警管理的指标体系的目的是通过对指标数值的变化状态进行监测、评价，最终实现对水电工程施工系统的安全状态进行预警。围绕这一目的就必须建立反映施工系统安全状态特征的指标体系，并进行优化和控制。

此外，预警指标体系应具备整体性、层次结构性和相关性，它不是指标的简单集合，必须建立一定的层次结构，形成有机整体，服从预警级的整体目标和功能。各指标间的关系应清晰、明了、准确[165]。

2）科学性原则

影响水电工程施工系统的某些风险因素具有自然属性，存在一定的客观规律，因而要求预警指标具有科学性和客观性，必须通过客观的研究、理论分析处理后确定，能够客观反映出实际的情况，形成经验与知识的互补[166]。

3）可测性原则

构建的预警指标体系不仅应保证事故预警目标的实现，更应有数据的支持，即指标的属性值容易取得，具备可测性。水电工程施工中的风险是随机的，但是风险因素必须是可以量化的，这是进行水电工程施工安全评价和事故预警的前提。

4）独立性原则

构建的每一层次预警指标应能反映水电工程施工系统某一方面的属性或特征，预警指标之间应尽量保持相互独立，尽量避免指标间的相互联系和交叉。鉴于水电工程施工事故预警的复杂性，构建的预警指标体系应既自成一体，又能有机整合以反映不同角度的问题。

5）灵敏性原则

构建的预警指标必须是高度灵敏的，它的细微变化就能反映出事故状态的变化。因此指标必须既能反映出水电工程施工事故的本质特征，又要具有代表性。只有具有本质性和代表性的指标才能体现出灵敏性。

6）可比较性原则

预警指标还应注意指标的口径范围和计算方法的可比性。对于选取的定性指标，应能进行量化处理，以便进行比较。很难量化的指标，如管理水平、安全教育培训等，可通过模糊数学进行客观的评级。

7)动态灵活性原则

随着水电工程施工技术的现代化，影响水电工程施工系统的风险因素会有所变化，此外，水电工程单件性特征，也要求水电工程施工事故预警指标体系随着水电工程施工环境、作业条件的变化而动态更新。另外，预警指标和模型的建立、应用和完善以期达到实用效果，也需要一个长期的探索过程，故要求预警指标体系具有一定的灵活性，有较强的应变能力。动态调整过程如图 5-1 所示。

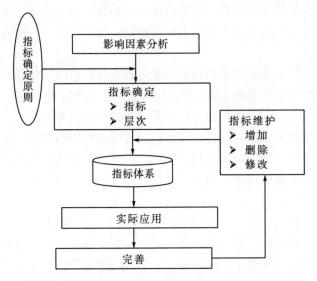

图 5-1   水电工程施工事故预警指标体系动态调整过程

二、水电工程施工事故预警管理的指标

通过水电工程施工事故产生机理分析，依据事故预警的目标及指标体系构建的基本原则，结合水电工程施工实际情况，现场调查影响水电工程施工现场安全的核心因素，并充分考虑专家的建议和有关的资料，水电工程施工事故预警指标（表 5-1）归纳起来主要有人、物、环境以及管理因素 4 大类，包括 21 个二级指标。

表 5-1   水电工程施工事故风险预警指标

一级指标	二级指标
	安全意识 R_{11}
	文化程度 R_{12}
人的因素 R_1	身体条件 R_{13}
	技术水平 R_{14}
	工作年限 R_{15}

续表

一级指标	二级指标
物的因素 R_2	机械设备故障率 R_{21}
	机械设备维修保养合格率 R_{22}
	安全防护设备合格率 R_{23}
	机械设备更新率 R_{24}
	材料质量情况 R_{25}
	机械设备操作难易程度 R_{26}
环境的因素 R_3	地理、地质条件 R_{31}
	气候环境 R_{32}
	作业环境 R_{33}
管理的因素 R_4	安全管理制度完善率 R_{41}
	安全检查执行情况 R_{42}
	奖惩措施执行情况 R_{43}
	机械设备管理情况 R_{44}
	安全管理组织协调性 R_{45}
	安全教育培训次数 R_{46}
	应急管理措施 R_{47}

(一)人的因素

人的因素是指对水电工程施工过程影响的人的各个方面的因素，即能够使系统发生问题或者发生意外事件的人员、个人的不安全因素，违背设计和安全要求的错误行为。

人的不安全因素主要可以分为：人的不安全因素和人的不安全行为两大类。

人的不安全因素是指人员的心理、生理、能力中所具有的不能适应工作、作业岗位要求的影响安全的因素。

(1)心理上的不安全因素，是指人在心理上具有影响安全的性格、气质和情绪，如懒惰、粗心等。

(2)生理上的不安全因素，包括视觉、听觉等感觉器官、体能、年龄、疾病等不适合工作或作业岗位要求的影响因素。

(3)能力上的不安全因素，包括知识技能、应变能力、资格等不能适应工作和作业岗位要求的影响因素。

人的不安全行为是指违反安全规则或规程，使事故有可能或有机会发生的行为。不安全行为者可能是受伤害者，也可能是非受伤害者。人在施工活动中，曾引起或可能引起事故的行为，必然是不安全行为[167]。在水电工程施工事故的原因分析中，人的因素是水电工程施工事故产生的一大主要致因，几乎每一种类别的水电工程施工事故的发生都离不开人的原因。

在水电施工现场人的不安全行为，按照《企业职工伤亡事故分类标准》分为13大类：①操作失误、忽视安全、忽视警告；②造成安全装置失效；③使用不安全设备；④手代替工具操作；⑤物体存放不当；⑥冒险进入危险场所；⑦攀坐不安全位置；⑧在起吊物下作业、停留；⑨在机器运转时进行检查、维修、保养等工作；⑩有分散注意力行为；⑪没有正确使用个人防护用品、用具；⑫不安全装束；⑬对易燃易爆等危险物品处理错误。

水电工程施工生产过程中，人的不安全行为中违章十分严重，其中违章作业导致的安全事故占事故案例总数的 63.1%，而习惯性违章占 41.8%[132]。据统计，在水电工程施工安全事故中，超过 90% 的安全事故是由于民、技工的工作年限、文化程度和技术水平等造成安全意识不强，自我防护能力较差，成为事故的多发、高发人群。综上所述，人的因素包括 5 项指标，其集合表示为

$$X_1 = \{X_{11}, X_{12}, X_{13}, X_{14}, X_{15}\}$$

式中，X_{11} 为安全意识；X_{12} 为文化程度；X_{13} 为身体条件；X_{14} 为技术水平；X_{15} 为工作年限。

(二)物的因素

此因素又常被称为"物的不安全状态"，主要是指可能导致事故发生的物质条件，包括水电工程施工中所用的机械设备、安全防护设施等物质的不稳定条件或作业环境所存在的不安全因素。水电工程施工作业是一个劳动密集型作业，水电工程施工涉及交叉作业多，点多面广，施工现场人与机械广泛交织，增加了施工管理的复杂性和作业过程的危险性。

综上所述，水电工程涉及项目多，使用的机械种类丰富，品种繁多，其"物"具有水电工程施工的行业特点，水电工程施工隐患多，固有危险性较大。归纳起来，水电工程施工过程中物的因素包括机械、设备、材料等。机械有井架、塔吊、龙门架、各类起重机、挖掘机装载机、各类汽车、平刨、电锯等；设备材料包括安全防护用品使用是否到位、建筑材料的质量等。其中机械设备和装置的缺陷主要指其技术性能降低、强度不够、结构不良、磨损、老化、失灵、腐蚀、物理和化学性能达不到要求等，如保险或防护装置缺乏或存在缺陷；机械设备、设施、工具、附件有缺陷；个人防护用品用具缺少或有缺陷；安全器具信号、标志有缺陷等。

通常水电工程施工事故所涉及的物要比人复杂得多，其形态多种多样，拥有的能量的状态更是千差万别。施工过程中，一旦能量失去控制，出现能量的突然释放，如果涉及人的身体并且超过人体的承受能力，则会酿成施工事故。机械、

设备、材料主要由以下 6 项指标组成，其集合表示为

$$X_2 = \{X_{21}, X_{22}, X_{23}, X_{24}, X_{25}, X_{26}\}$$

式中，X_{21} 为机械设备故障率；X_{22} 为机械设备维修保养合格率；X_{23} 为安全防护设备合格率；X_{24} 为机械设备更新率；X_{25} 为材料质量情况；X_{26} 为机械设备操作难易程度。

（三）环境因素

事故的发生都是由人和机械、设备、材料直接引起的，不考虑客观的情况是有失偏颇的。由于我国在建大型水电工程均处于我国西部高山峡谷和高地震区，地质条件十分复杂，施工环境差，地理环境、气候恶劣等引发的施工安全事故也时有发生。其次施工作业(安全警示标志、施工场所安全措施等)对施工事故的影响也不容忽视，如高处坠落、车辆伤害、物体打击、触电、起重伤害等都与环境因素密切相关。这里的环境主要包括水电工程所在的自然环境和施工人员所处的施工作业环境。

水电工程施工中环境的不安全条件主要表现为：

(1)水电工程施工在江河上进行，多处于高山峡谷之中，施工场地狭窄、立体交叉作业组织不当，道路狭窄、机械拥挤、多单位同时施工、夜间照明不足以及尘、毒、噪声超标；施工场地布置不合理，且多位于露天作业，受自然环境影响大，如高低温作业，雨、雪、风中作业等，同时受地形、地质、水文地质和水文的限制比较大。

(2)生产岗位不固定、流动作业多，多工种交叉作业不协调，作业环境不断变化，作业人员随时面临着新的隐患的危险。

总之，环境因素包括水电工程的地理、地质条件，气候环境，施工作业环境等，其集合表示为

$$X_3 = \{X_{31}, X_{32}, X_{33}\}$$

式中，X_{31} 为地理、地质条件；X_{32} 为气候环境；X_{33} 为施工作业环境。

（四）管理因素

在水电工程施工中，管理因素是施工事故发生的间接因素，并不会直接触发事故，但直接影响着人的不安全行为、物的不安全状态以及环境的不安全条件的出现，间接导致事故的发生。管理致灾因素通常也称为组织管理致灾因素，它是指事故潜在的不安全因素。作为施工事故致因的间接原因，主要包括以下几方面：①技术上的缺陷；②教育上的缺陷；③生理上的缺陷；④心理上的缺陷；⑤管理工作上的缺陷；⑥教育和社会、历史上的原因造成的缺陷。

水电工程施工具有点多面广、交叉作业、施工环境恶劣等特点，施工条件差、强度大、组织复杂，增加了水电工程施工安全管理的重要性和复杂性，如多

工种同时或连续作业，工序间配合，材料设备调度，与参建各方的协调等过程多。此外，水电工程施工中机械化程度虽高，但手工作业工序依然很多，劳动强度大、人员流动性大、作业技能参差不齐。由于以上各种原因，水电工程施工中管理难度大，且容易出现监管不到位的情况。

常见的管理缺陷有制度不健全、安全检查效果不佳、安全教育培训缺失、事故报告不通畅、应急管理缺位等。安全管理的完善与否将直接影响到安全生产水平的高低，因此，安全管理是安全生产的重要保证。管理因素中包含七项指标，其集合表示为

$$X_4 = \{X_{41}, X_{42}, X_{43}, X_{44}, X_{45}, X_{46}, X_{47}\}$$

式中，X_{41} 为安全管理制度完善率；X_{42} 为安全检查执行情况；X_{43} 为奖惩措施执行情况；X_{44} 为机械设备管理情况；X_{45} 为安全管理组织协调性；X_{46} 为安全教育培训次数；X_{47} 为应急管理措施。

三、水电工程施工事故预警指标阈值及区间

预警阈值包括单预警指标阈值和多预警指标阈值。将水电工程施工系统安全状态划分为安全、较安全、一般安全、较危险、危险五个等级，假设各预警指标阈值为 a、b、c、d，则水电工程施工事故预警区间如表5-2和图5-2所示。

表 5-2　预警区间表

安全状态	安全	较安全	一般安全	较危险	危险
指标阈值	$L \geqslant a$	$b < L \leqslant a$	$c < L \leqslant b$	$d < L \leqslant c$	$L \leqslant d$

注：L 为单指标监测值或多指标综合值

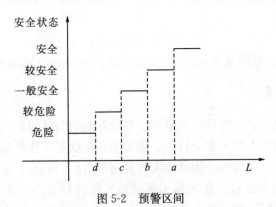

图 5-2　预警区间

按照国家相关法律法规对水电工程施工安全要求，通过现场调查、取证，结合专家访谈，借鉴相关文献等方法分别确定水电工程施工事故预警各层次预警阈值及区间如表5-3~表5-5所示。

表 5-3　综合预警指标阈值及区间

安全状态	安全	较安全	一般安全	较危险	危险
综合指标值	$L \geqslant 90$	$80 \leqslant L < 90$	$70 \leqslant L < 80$	$60 \leqslant L < 70$	$L < 60$

表 5-4　定量单预警指标阈值及区间

指标名称	指标取值区间				
工作年限/年	[9，＊)	[6，9)	[3，6)	[1，3)	[0，1)
安全教育培训次数/次	[11，＊)	[8，11)	[5，8)	[2，5)	[0，2)
机械设备故障率/%	[0，2)	[2，4)	[4，6)	[6，10)	[10，＊)
机械设备维修保养合格率/%	[98，100]	[95，98)	[92，95)	[90，92)	(＊，90)
安全防护设备合格率/%	[98，100]	[95，98)	[92，95)	[90，92)	(＊，90)
机械设备更新率/%	[98，100]	[95，98)	[92，95)	[90，92)	(＊，90)
安全管理制度完善率/%	[90，100]	[80，90)	[70，80)	[60，70)	[0，60)
安全级别	安全	较安全	一般安全	较危险	危险
风险等级	1	2	3	4	5

表 5-5　定性单预警指标阈值及区间

指标名称	指标取值				
安全意识	[90，100]	[80，90)	[70，80)	[60，70)	[0，60)
文化程度	[90，100]	[80，90)	[70，80)	[60，70)	[0，60)
身体条件	[90，100]	[80，90)	[70，80)	[60，70)	[0，60)
技术水平	[90，100]	[80，90)	[70，80)	[60，70)	[0，60)
安全检查执行情况	[90，100]	[80，90)	[70，80)	[60，70)	[0，60)
奖惩措施执行情况	[90，100]	[80，90)	[70，80)	[60，70)	[0，60)
机械设备管理情况	[90，100]	[80，90)	[70，80)	[60，70)	[0，60)
安全管理组织协调性	[90，100]	[80，90)	[70，80)	[60，70)	[0，60)
应急管理措施	[90，100]	[80，90)	[70，80)	[60，70)	[0，60)
材料质量情况	[90，100]	[80，90)	[70，80)	[60，70)	[0，60)
机械设备操作难易程度	[90，100]	[80，90)	[70，80)	[60，70)	[0，60)
地质条件	[90，100]	[80，90)	[70，80)	[60，70)	[0，60)
气候环境	[90，100]	[80，90)	[70，80)	[60，70)	[0，60)
作业环境	[90，100]	[80，90)	[70，80)	[60，70)	[0，60)
安全级别	安全	较安全	一般安全	较危险	危险
风险等级	1	2	3	4	5

综上所述，水电工程施工事故预警指标体系如表 5-6 所示。

表 5-6　水电工程施工事故预警指标体系

一级指标	二级指标	权重	三级指标	权重	1 安全	2 较安全	3 一般安全	4 较危险	5 危险
水电工程施工事故预警	人的因素 R_1	W_1	安全意识 R_{11}	w_{11}	[90,100]	[80,90)	[70,80)	[60,70)	[0,60)
			文化程度 R_{12}	w_{12}	[90,100]	[80,90)	[70,80)	[60,70)	[0,60)
			身体条件 R_{13}	w_{13}	[90,100]	[80,90)	[70,80)	[60,70)	[0,60)
			技术水平 R_{14}	w_{14}	[90,100]	[80,90)	[70,80)	[60,70)	[0,60)
			工作年限 R_{15}	w_{15}	[9,*)	[6,9)	[3,6)	[1,3)	[0,1)
	物的因素 R_2	W_2	机械设备故障率 R_{21}	w_{21}	[0%,2%)	[2%,4%)	[4%,6%)	[6%,10%)	[10%,*)
			机械设备维修保养合格率 R_{22}	w_{22}	[98%,100%]	[95%,98%)	[92%,95%)	[90%,92%)	(*,90%)
			安全防护设备合格率 R_{23}	w_{23}	[98%,100%]	[95%,98%)	[92%,95%)	[90%,92%)	(*,90%)
			机械设备更新率 R_{24}	w_{24}	[98%,100%]	[95%,98%)	[92%,95%)	[90%,92%)	(*,90%)
			材料质量情况 R_{25}	w_{25}	[90,100]	[80,90)	[70,80)	[60,70)	[0,60)
			机械设备操作难易程度 R_{26}	w_{26}	[90,100]	[80,90)	[70,80)	[60,70)	[0,60)
	环境的因素 R_3	W_3	地质条件 R_{31}	w_{31}	[90,100]	[80,90)	[70,80)	[60,70)	[0,60)
			气候环境 R_{32}	w_{32}	[90,100]	[80,90)	[70,80)	[60,70)	[0,60)
			作业环境 R_{33}	w_{33}	[90,100]	[80,90)	[70,80)	[60,70)	[0,60)
	管理的因素 R_4	W_4	安全管理制度完善率 R_{41}	w_{41}	[90,100]	[80,90)	[70,80)	[60,70)	[0,60)
			安全检查执行情况 R_{42}	w_{42}	[90,100]	[80,90)	[70,80)	[60,70)	[0,60)
			奖惩措施执行情况 R_{43}	w_{43}	[90,100]	[80,90)	[70,80)	[60,70)	[0,60)
			机械设备管理情况 R_{44}	w_{44}	[90,100]	[80,90)	[70,80)	[60,70)	[0,60)
			安全管理组织协调性 R_{45}	w_{45}	[90,100]	[80,90)	[70,80)	[60,70)	[0,60)
			安全教育培训次数 R_{46}	w_{46}	[11,*)	[8,11)	[5,8)	[2,5)	[0,2)
			应急管理措施 R_{47}	w_{47}	[90,100]	[80,90)	[70,80)	[60,70)	[0,60)

第二节　水电工程施工事故的预警方法

预警研究经历了从定性为主到定性与定量相结合、从点预警到状态预警转变的过程。随着各种理论和技术手段的发展、完善和应用，新的预警方法也不断出现，如博克斯－詹金斯法、马尔可夫链预测法、灰色预测法、贝叶斯分类法等。

博克斯－詹金斯法的基本思想是将预警对象随时间推移而形成的数据序列视为一个随机序列，即除去个别的因偶然原因引起的观测值外，时间序列是一组依赖于时间的随机变量。这组随机变量所具有的依存关系或自相关性表征了预警对象发展的延续性，而这种自相关性一旦被相应的数学模型描述出来，就可以根据时间序列的过去值及现在值预测其未来值。可见，博克斯－詹金斯法是以时间序列的自相关分析为基础的。该方法的识别需要的历史数据比较多，而水电工程施工安全事故的历史资料难以收集，此外，该模型的基本假设（一个时间序列的未来发展模式与其过去的发展模式一致）与水电工程施工事故的动态性、随机性也是相矛盾的。

马尔可夫链指出事物系统的状态由过去转变到现在，再由现在转变到将来，一环接一环像一根链条，而作为马尔可夫链的动态系统将来是什么状态，取什么值，只与现在的状态、取值有关，而与它以前的状态、取值无关。施工事故的发展状态总是随着时间的推移而不断变化的，在一般情况下，要了解施工事故未来的发展状态，不但要看到现在的状态，还要看到事物过去的状态，因此，马尔可夫链预测法在水电工程施工事故预警应用中具有明显局限性，不符合事故因素之间的动态相关性。

灰色系统理论认为对既含有已知信息又含有未知或非确定信息的系统进行预测，就是对在一定方位内变化的、与时间有关的灰色过程的预测，主要通过鉴别系统因素之间的发展趋势的相异程度进行关联分析，并对关联到的放映预测对象特征的一系列数值进行生成处理，然后建立相应的微分方程模型，以此预测事物发展趋势的状况。灰色预测法处理复杂系统，在某种程度上弥补了经典数学与统计数学的不足，但其实质上是一种呈指数增长的模型，且其预测精度受到原始数据序列光滑离散性的限制，当原始数据序列不够光滑离散时，利用该模型所建立的系统预警模型精度就很差，预警结果的可靠性也比较低。

贝叶斯分类法是从概率统计的角度出发，研究对一个模式集的分类问题。基于贝叶斯分类的预警方法是对传统预警方法的一个突破，但是这种方法需要已知先验概率、条件概率或后验概率等信息，水电工程施工中这是很难得到的。另外，贝叶斯最小风险分类方法还是建立在样本拟合最好的基础上，这显然也不太现实。

　　水电工程施工事故的最大特点是动态性、随机性和模糊性，各风险参数之间相互制约，许多问题都表现出极为明显的非线性关系，集中表现为：事故内部涉及相当多的状态变量，很多状态变量很难精确确定或者根本无法确定；事故内部各状态变量之间的关系也相当复杂，往往保持一种动态关系，利用微分方程很难求解或者根本无解。

　　上述特点使得传统"线性的""局部的"和"确定型的"分析和研究方法，得到的只是系统的局部性质，研究结果与真实事故系统的运动状态相距甚远，甚至可能完全相反，即使是灰色预测等方法，由于不同地区的实际条件(气候条件、地质条件、设备情况、员工素质等)不同，这些方法的适用范围有限，不具有普适性，因此以下问题仍有待解决。

　　1)因素和结果的映射关系

　　传统的预警方法，基本上都是以线性等固定关系来实现事故因素和预警结果的映射关系，模糊预警方法则在隶属函数构造问题上事先设定了映射关系，尽管函数是分段、不连续的，但同样存在线性关系。这明显不能清晰真实地反映事故动态、随机和模糊特点的因果关系。

　　2)定权和变权问题

　　预警因素中各指标在预警过程中权重的确定，是施工事故预警的核心，权重确定正确与否，直接影响到施工事故预警结果的置信度。传统方法大多不管系统动态变化特点，采用定权的方式进行，预警的精确度严重依赖于专家经验、知识，主观性比较大。即使利用神经网络方法进行事故预警，由于影响水电工程施工安全事故的因素较多，神经网络训练时间过于漫长，不能保证预警的实时性。

　　3)随机性和模糊性问题

　　在对水电工程施工事故进行预警的过程中，涉的因素是复杂的。这些因素自身表现为随机性，与事故的关系又表现为模糊性，而且因素间又相互关联、相互作用。有些因素不能用精确的数量进行描述，而只能是模糊概念，有些因素的变化与事故之间也不存在一一对应的函数关系，不可能建立精确的数学模型来求解，而模糊数学在处理这些问题时却有着独到的效果。

　　因此，将各种方法进行有机结合，取长补短，除了考虑将聚类迭代、模糊数学、粗糙集、神经网络等方法进行有机组合以形成独具特色的单一预警模型外，还可以考虑将这些各具特色的单一模型进行优化组合，形成新的组合模型，为预警工作的科学性、预警结果的可靠性提供良好的基础。

第三节　水电工程施工事故模糊可变预警单一模型

　　模式识别就是对表征事物或现象的各种形式的(数值的、文字的和逻辑关系的)信息进行处理和分析,以对事物或现象进行描述、辨认、分类和解释的过程[168]。水电工程施工事故预警过程可以看作一个模式识别过程,把产生同类事故的不同施工组织方案看作一个预警模式集,不同事故的预警模式集就代表了不同的预警模式类别。预警样本中各指标的选择相当于模式识别中模式特征选择和维数压缩过程,预警方法相当于模式识别中的模式分类过程,预警结果输出相当于模式识别中的识别错误检查过程。模糊数学在处理水电工程施工事故中的随机性和模糊性指标具有独特效果,但是不适用于部分没有评价标准的预警指标,而模糊聚类迭代模型对于没有确定预警指标标准的样本分类,按照样本对聚类中心的隶属度分类,克服了模糊评价和模糊识别模型只能应用于有评价标准的局限。

传统的博克斯-詹金斯法、灰色预测法等需要的历史数据比较多,其预测精度受到原始数据序列光滑离散性的限制,而水电工程施工安全事故的历史资料难以收集,造成上述预警结果的可靠性比较低。三角模糊数比较适用于处理和表达模糊信息,同时,还比较适用于随机信息的表征,尤其是在数据资料较少或精度不高的情况下,其适用性较好。

基于此,引入可变模糊聚类迭代模型理论,通过三角模糊数法求出权重,将聚类中心矩阵和模糊聚类矩阵代入迭代模型进行迭代,建立水电工程施工事故模糊可变预警单一模型,以最终确定预警结果,具体流程如图 5-3 所示。水电工程施工事故模糊可变预警单一模型是对事故预警整体性、动态性的一种反映,对提高预警结果的可信度、有效性和科学性具有重要意义。

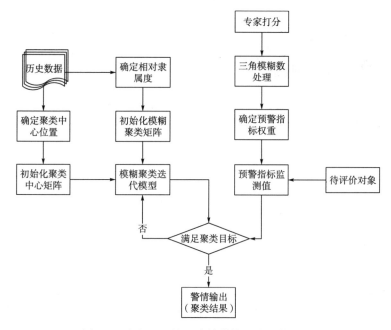

图 5-3　水电工程施工事故模糊可变预警流程

一、三角模糊数求解权重

水电工程施工具有模糊性的特点，因此采用三角模糊判断矩阵能够将施工过程中的风险量化并加以分析，接着运用扩张原理[169]，确定出各个预警指标的权重。采用三角模糊数确定权重的具体步骤如下。

(1)首先由 m 个专家给出三角模糊数互补判断矩阵 $\bar{p}^{(k)} = (\bar{p}_{ij}^{k})_{21 \times 21}$，即

$$\bar{p}^{(k)} = (l_{ij}^{k}, m_{ij}^{k}, n_{ij}^{k}) \quad (k = 1, 2, \cdots, m; i, j = 1, 2, \cdots, 21) \tag{5-1}$$

式中，l 表示最悲观值；m 表示专家判断的最可能值；n 表示最乐观值。

(2)将各个专家的偏好信息进行综合，其计算公式为

$$\bar{p}_{ij} = \frac{1}{m}(\bar{p}_{ij}^{(1)} + \bar{p}_{ij}^{(2)} + \cdots + \bar{p}_{ij}^{(m)}) = \left[\frac{\sum\limits_{k=1}^{m} l_{ij}^{k}}{m}, \frac{\sum\limits_{k=1}^{m} m_{ij}^{k}}{m}, \frac{\sum\limits_{k=1}^{m} n_{ij}^{k}}{m} \right] \quad (i, j = 1, 2, \cdots, 21)$$

$$\tag{5-2}$$

(3)计算模糊综合评价值 $\bar{\mu}_i$，按式(5-3)计算：

$$\bar{\mu}_i = \frac{\left(\sum\limits_{j=1}^{n} l_{ij}, \sum\limits_{j=1}^{n} m_{ij}, \sum\limits_{j=1}^{n} n_{ij} \right)}{\left(\sum\limits_{i=1}^{n} \sum\limits_{j=1}^{n} l_{ij}, \sum\limits_{i=1}^{n} \sum\limits_{j=1}^{n} m_{ij}, \sum\limits_{i=1}^{n} \sum\limits_{j=1}^{n} n_{ij}, \right)} \quad (i = 1, 2, \cdots, 21) \tag{5-3}$$

(4)记 $\bar{\mu}_i = (l_i, m_i, n_i)$，计算 $\bar{\mu}_i$ 的期望值。其左隶属函数及逆函数分别为

$$f_{\frac{L}{\mu_j}}(y) = \frac{x - l_i}{m_i - l_i} \tag{5-4}$$

$$g_{\frac{L}{\mu_i}}(y) = l_i + (m_i - l_i)y \tag{5-5}$$

右隶属函数及逆函数为

$$f_{\frac{R}{\mu_i}}(y) = \frac{x - n_i}{m_i - n_i} \tag{5-6}$$

$$g_{\frac{R}{\mu_i}}(y) = n_i + (m_i - n_i)y \tag{5-7}$$

于是，$\bar{\mu}_i$ 的左期望值和右期望值分别为

$$E_L(\bar{\mu}_i) = \int_0^1 g_{\frac{L}{\mu_i}}(y)\mathrm{d}y = \int_0^1 [l_i + (m_i - l_i)y]\mathrm{d}y = \frac{l_i + m_i}{2} \quad (i = 1, 2, \cdots, 21)$$

$$\tag{5-8}$$

$$E_R(\bar{\mu}_i) = \int_0^1 g_{\frac{R}{\mu_i}}(y)\mathrm{d}y = \int_0^1 [n_i + (m_i - n_i)y]\mathrm{d}y = \frac{n_i + m_i}{2} \quad (i = 1, 2, \cdots, 21)$$

$$\tag{5-9}$$

通过加权平均可得 $\bar{\mu}_i$ 的期望值为

$$E(\bar{\mu}_i) = \partial E_L(\bar{\mu}_i) + (1 - \partial)E_R(\bar{\mu}_i) \quad (0 \leqslant \partial \leqslant 1; i = 1, 2, \cdots, 21)$$

$$\tag{5-10}$$

式中，∂ 代表风险偏好系数。若 $\partial > 0.5$，则决策者是悲观的；若 $\partial = 0.5$，则决策者是中性的；若 $\partial < 0.5$，则决策者是乐观的。

（5）将期望值整理后得到最终的权重，计算式为

$$\omega_i = \frac{E(\bar{\mu}_i)}{\sum\limits_{i=1}^{n} E(\bar{\mu}_i)} \quad (i = 1, 2, \cdots, 21) \tag{5-11}$$

于是可得出 21 个预警指标的权向量为 $\boldsymbol{\omega} = (\omega_1, \omega_2, \cdots, \omega_{21})$。

二、聚类中心矩阵初始化

根据前述分析，有 5 个风险等级，21 个预警指标，利用这 5 个风险等级对 n 个样本进行评估，确定出 5 个风险等级 21 个预警指标的聚类中心矩阵。以其中某个指标为例，设它的 n 个样本的数据样本集合为 $\{s_1, s_2, \cdots, s_n\}$，定义样本点 s_i 处的势函数为

$$P_i^{(0)} = \sum_{j=1}^{n} e^{-\partial \| s_i - s_j \|^2} \tag{5-12}$$

式中，$\partial = 4/r_\partial^2$，$r_\partial$ 表示领域半径，在它之外的数据点对势的计算影响非常小。其计算式为

$$r_\partial = \frac{1}{2} \sqrt{\frac{1}{n(n-1)} \sum_{k=1}^{n} \sum_{i=1}^{n} \| s_i - s_k \|^2} \tag{5-13}$$

从以上关系式可以看出，在点 s_i 周围，聚集的样本点越多，s_i 的势越高。令 $P_1^* = \max\{p_i^{(0)}\}$ $(i=1, \cdots, n)$，同时，取对应的 s_1^* 为第一个初始聚类中心位置，接着根据式（5-14）对各个样本点的势作相应调整：

$$P_i^{(1)} = P_i^{(0)} - P_1^* e^{-\beta \| s_i - s_1^* \|^2} \tag{5-14}$$

式中，$\beta = 4/r_\beta^2$，r_β 也表示领域半径，其求法与 r_∂ 相同，再令 $P_2^* = \max\{P_i^{(1)}\}$ $(i=1, \cdots, n)$，取对应的 s_2^* 为第二个初始聚类中心位置。依此类推，其势函数调整一般关系式为

$$P_i^{(k)} = P_i^{(k-1)} - P_k^* e^{-\beta \| s_i - s_k^* \|^2} \quad (k = 1, \cdots, c-1) \tag{5-15}$$

式中，$P_k^* = \max\{P_i^{(k-1)}\}$ $(i=1, \cdots, n)$，取对应的 s_k^* 为第 k 个初始聚类中心位置。

对于数据样本为二维的情况，可在数据样本空间构造一个网格线，然后根据样本点到每个网格的距离，分别确定每个网格点的势函数值[170]，若网格点周围样本点越多，则势越高，然后将势值最高的网格点选为第一个初始聚类中心。其具体操作算法与上述一维情况类似，此处不再赘述。

于是，进行聚类得出 5 个风险等级 21 个指标的聚类中心矩阵为

$$S = \begin{bmatrix} s_{1,1} & s_{1,2} & \cdots & s_{1,5} \\ s_{2,1} & s_{2,2} & \cdots & s_{2,5} \\ \vdots & \vdots & & \vdots \\ s_{21,1} & s_{21,2} & \cdots & s_{21,5} \end{bmatrix} = (s_{ih}) \tag{5-16}$$

式中，s_{ih} 表示风险等级 h 指标 i 的聚类中心规格化数，$0 \leqslant s_{ih} \leqslant 1 (i = 1, 2, \cdots, 21;$ $h = 1, \cdots, 5)$。

样本 j 的 m 个指标特征值用规格化数向量表示为

$$\boldsymbol{r}_j = (r_{1j}, r_{2j}, \cdots, r_{mj})^{\mathrm{T}} \tag{5-17}$$

三、模糊聚类矩阵初始化

根据预警指标的类型，分别采用下列算法确定其相对隶属度，初始化模糊聚类矩阵。

1)极小型指标转换

$$x^* = \begin{cases} 0, & x \leqslant x_{\min} \\ \dfrac{x_{\max} - x}{x_{\max} - x_{\min}}, & x_{\min} < x < x_{\max} \\ 1, & x \geqslant x_{\max} \end{cases} \tag{5-18}$$

2)极大型指标转换

$$x^* = \begin{cases} 1, & x \geqslant x_{\max} \\ \dfrac{x - x_{\min}}{x_{\max} - x_{\min}}, & x_{\min} < x < x_{\max} \\ 0, & x \leqslant x_{\min} \end{cases} \tag{5-19}$$

3)居中型指标转换

$$x^* = \begin{cases} \dfrac{x - x_{\min}}{x_{\mathrm{mean}} - x_{\min}}, & x_{\min} \leqslant x < x_{\mathrm{mean}} \\ 1, & x = x_{\mathrm{mean}} \\ \dfrac{x_{\max} - x}{x_{\max} - x_{\mathrm{mean}}}, & x_{\mathrm{mean}} < x \leqslant x_{\max} \end{cases} \tag{5-20}$$

4)区间型指标转换

$$x^* = \begin{cases} 1 - \dfrac{q_1 - x}{\max\{q_1 - m, M - q_2\}}, & x < q_1 \\ 1, & q_1 \leqslant x \leqslant q_2 \\ 1 - \dfrac{x - q_2}{\max\{q_1 - m, M - q_2\}}, & x > q_2 \end{cases} \tag{5-21}$$

则求出的模糊聚类矩阵为

$$U = \begin{bmatrix} \mu_{11} & \mu_{12} & \cdots & \mu_{1n} \\ \mu_{21} & \mu_{22} & \cdots & \mu_{2n} \\ \vdots & \vdots & & \vdots \\ \mu_{51} & \mu_{52} & \cdots & \mu_{5n} \end{bmatrix} = (\mu_{hj}) \tag{5-22}$$

式中，μ_{hj} 表示样本 j 隶属于风险等级 h 的相对隶属度。

四、可变模糊聚类迭代预警模型

前面已确定出各指标权重 $\boldsymbol{\omega} = (\omega_1, \omega_2, \cdots, \omega_{21})$，并已初始化聚类中心矩阵 $\boldsymbol{S}$ 和模糊聚类矩阵 $\boldsymbol{U}$，则样本 j 与 5 个风险等级的差异的综合权衡度量为

$$f_j(\mu_j, \boldsymbol{S}, \omega) = \sum_{h=1}^{5} \left\{ \mu_{hj} \sqrt{\sum_{i=1}^{21} \left[\omega_i(r_{ij} - s_{ih}) \right]^2} \right\}^2 \tag{5-23}$$

式中，$\boldsymbol{\omega} = (\omega_1, \omega_2, \cdots, \omega_{21})$ 已知，于是式(5-23)中变量只有 $\boldsymbol{U}$ 和 $\boldsymbol{S}$，则所有样本的综合权衡度量可表示为

$$f(\boldsymbol{U}, \boldsymbol{S}) = (f_1(\mu_1, \boldsymbol{S}), f_2(\mu_2, \boldsymbol{S}), \cdots, f_n(\mu_n, \boldsymbol{S})) \tag{5-24}$$

由于在 ω 已知，$\boldsymbol{U}$、$\boldsymbol{S}$ 已初始化的情况下，$f(\boldsymbol{U}, \boldsymbol{S})$ 越小，聚类越优，则可建立目标函数为

$$\min\{f(\boldsymbol{U}, \boldsymbol{S}) = [f_1(u_1, \boldsymbol{S}), f_2(u_2, \boldsymbol{S}), \cdots, f_n(u_n, \boldsymbol{S})]\} \tag{5-25}$$

满足约束条件：

$$\begin{cases} \sum_{h=1}^{5} \mu_{hj} = 1, \forall j \\ 0 \leqslant \mu_{hj} \leqslant 1, \forall h, \forall j \\ \sum_{j=1}^{n} \mu_{hj} > 0, \forall h, h = 1, 2, \cdots, 5 \end{cases} \tag{5-26}$$

目标函数值可用等权重的线性加权平均法集结为单目标优化问题：

$$\min\{f(\boldsymbol{U}, \boldsymbol{S}) = \sum_{j=1}^{n} f_j(\mu_j, \boldsymbol{S})\} \tag{5-27}$$

构建拉格朗日函数：

$$\begin{aligned} L(\boldsymbol{U}, \boldsymbol{S}, \lambda_j) &= \sum_{j=1}^{n} f_j(\mu_j, \boldsymbol{S}) - \lambda_j \left(\sum_{h=1}^{5} \mu_{hj} - 1 \right) \\ &= \sum_{j=1}^{n} \sum_{h=1}^{5} \mu_{hj}^2 \times \sum_{i=1}^{21} \left[\omega_i(r_{ij} - s_{ih}) \right]^2 - \lambda_j \left(\sum_{h=1}^{5} \mu_{hj} - 1 \right) \end{aligned} \tag{5-28}$$

$$\partial L / \partial \mu_{hj} = 0 \tag{5-29}$$

$$\partial L / \partial s_{ih} = 0 \tag{5-30}$$

$$\partial L / \partial \lambda_j = 0 \tag{5-31}$$

解得模糊聚类迭代模型[171]为

$$\mu_{hj} = \begin{cases} 0 & , \quad d_{kj} = 0, k \neq h \\ \left[\sum_{k=1}^{5} \dfrac{\sum_{i=1}^{21} \left[\omega_i (r_{ij} - s_{ih}) \right]^2}{\sum_{i=1}^{21} \left[\omega_i (r_{ij} - s_{ik}) \right]^2} \right]^{-1} & , \quad d_{hj} \neq 0 \\ 1 & , \quad d_{hj} = 0 \end{cases} \tag{5-32}$$

$$s_{ih} = \sum_{j=1}^{n} \mu_{hj}^2 r_{ij} \Big/ \sum_{j=1}^{n} \mu_{hj}^2 \tag{5-33}$$

$$d_{hj} = \sqrt{\sum_{i=1}^{21} \left[\omega_i (r_{ij} - s_{ih}) \right]^2} \tag{5-34}$$

第四节　基于 RS-FNN 的水电工程
施工事故预警组合模型

由于赋权方法、侧重点和预警模型不同，得出的预警结果也会有差异，出现预警结果多样的问题。主观赋权法解释性强，但对专家知识结构、工作经验、专业知识、个人偏好等具有较强依赖性，主观性强，权重系数缺乏稳定性。客观赋权法大多情况下客观性较强，但要依赖于足够的样本数据和实际的问题域，通用性和可参与性差，有时与预警指标实际重要程度相悖，解释性差。基于上述原因，近几年来部分学者提出了综合主、客观赋权法的组合赋权法[172-174]，使所确定的权重系数同时体现主观信息和客观信息。此外，为了适应系统动态、非线性变化之特点，也有学者提出变权赋值方法[175,176]，利用神经网络、可变模糊集等理论与技术得到指标的动态可变权数，避免静态评价以及定权赋值产生的弊端。这就需要在对水电工程施工系统进行全面、综合分析的基础上，运用水电工程施工事故预警组合模型，并以大量的观测数据为基础，使预警结果合乎水电工程施工事故实际的模糊性、随机性以及动态性特点。

波兰学者 Pawlak 于 1982 年提出的一种新的数据分析方法——粗糙集（RS）理论[177]，以不可分辨关系为基础，直接从给定问题的描述集合出发，找出该问题的内在规律，在保留关键信息的前提下，对数据进行约简并求得知识的最小表达，而不需要预先给定某些特征和属性的数量描述，其基本思想更接近事故预警的情况。

美国加州大学伯克利分校 Zadeh 教授于 1965 年创立了以模糊数学为基础的模糊理论，它接受模糊性现象的事实，突破了传统数学绝不允许模棱两可的约束，将其严密地量化成计算机可以处理的信息。模糊理论对于研究和处理水电工程施工事故中的模糊现象，解决水电工程施工系统的复杂性与预警结果的精确性的矛盾，显示其强大的生命力[178]。

神经网络是模拟人脑结构的思维功能，具有较强的自学习和联想功能，人工干预少，精度较高，对专家知识的利用也较少。但缺点是它不能处理和描述模糊信息，不能很好地利用已有经验知识，特别是学习及问题的求解具有黑箱特性，其工作不具有可解释性，同时它对样本的要求较高。模糊理论相对于神经网络而言，具有推理过程容易理解、专家知识利用较好、对样本的要求较低等优点，但它同时又存在人工干预多、推理速度慢、精度较低等缺点，很难实现自适应学习的功能。模糊神经网络(FNN)就是模糊理论同神经网络相结合的产物，它汇集了神经网络与模糊理论的优点，集学习、联想、识别、自适应及模糊信息处理于一体，克服了它们各自的缺点，已经成为当今智能领域研究的热点之一[179]。

一、基本思路及预警流程

将 RS 理论作为一种水电工程施工安全事故预警的工具，首先得益于其数学基础成熟，由于 RS 理论在处理不精确、不一致、不完整等各种不完备的信息时，无须提供问题所需处理的数据集合之外的任何先验信息，比较符合水电工程施工安全的模糊、随机性特征；其次，由于这个理论侧重描述的是集合之间的不确定性，未能包含处理不精确或不确定原始数据的机制，而模糊理论侧重的是描述集合内部元素的不确定性，所以这个理论与模糊理论有很强的互补性；再次，其易用性较高，利用 RS 理论对神经网络的数据进行预处理，简化训练集，提高神经网络收敛速度，缩短样本训练时间，提高了水电工程施工安全预警的实时性。

水电工程施工事故的随机性、模糊性和不确定性决定了水电工程施工安全状态不会按照某一特殊的规律或函数变化。FNN 作为人工智能领域的一个重要分支，有较强的非线性函数逼近能力，可以根据样本数据训练得到输入输出变量之间的函数关系，即可以通过网络学习，确定各神经元之间的耦合权值，从而使得网络整体具有近似函数的功能。同时，FNN 根据需要给神经网络加入模糊规则，这样就可以避免"黑箱"问题，所以它的处理结果较粗糙集处理数据更精细，但是当网络规模较大、样本较多时，训练过程变得复杂而且漫长，从而限制了FNN 实用化的推广。

因此，使用 RS 方法对预警指标进行预处理，减少预警的指标数量，再根据处理后的信息结构，进行 FNN 的构建与训练，利用其各自特点，优势互补地进行水电工程施工事故预警，其优势可以归纳如下。

(1)利用 RS 方法简化输入预警指标的表达空间维数，减少了神经网络系统的复杂性，同时在简化知识的同时，更易推理出决策规则，可以弥补神经网络预测模型的黑箱性。

（2）使用 RS 方法对预警指标进行预处理，保证了预警指标的客观性，通过简化训练集，提高了 FNN 收敛速度，提高了水电工程施工事故预警的实时性。

（3）运用 FNN 知识存储和自适应性特征，通过适当地补充学习样本，可以实现历史经验与新知识完美结合，在发展过程中动态地实现水电工程施工安全事故的安全状态预警。

（4）利用 FNN 理论的容错特征，通过选取适当的作用函数和数据结构可以处理各种非数值型指标，实现对水电工程施工系统安全状态的模糊评价。

为了充分利用 RS、FNN 各自特点，优势互补地进行水电工程施工安全事故预警，基于 RS 与 FNN 的智能预警流程如下（详细流程见图 5-4）。

（1）收集详细的水电工程施工现场资料，分析可能引发水电工程施工事故的不确定风险因素，探索水电工程施工安全事故的成因机理，建立施工与运行相耦合的事故预警指标。

（2）利用 RS 理论对施工安全样本数据进行离散处理，对影响预警对象的施工安全事故不确定信息进行约简，提取知识规则，寻找影响安全生产目标的最小指标因素集。

（3）根据知识规则，利用 FNN 对约简后的施工样本数据进行训练，构造决策函数，生成模式聚类规则。

（4）将预警对象的具体指标值输入决策函数，利用模式聚类规则进行聚类，从而得出预警对象的预警结果。

（5）对输出的预警结果进行测试，计算向外输出差值和预报误差曲线，进行聚类错误率检验，改进聚类规则。

（6）进入下一次预警过程，重复步骤（2）～步骤（5）。

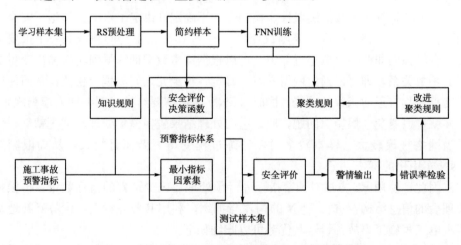

图 5-4　基于 RS—FNN 的水电工程施工事故预警流程

二、基于 RS-FNN 的水电工程施工事故预警模型

本书中采用的是粗糙集与神经网络松耦合的混合系统，主要是 RS 预处理水电工程施工安全预警指标，对水电工程施工安全样本约简，寻找各预警指标间关系，简化神经网络结构，将提炼后的预警指标作为 FNN 的样本数据进行训练，构造决策函数，生成模式聚类规则。根据以上思路，本书提出一种粗糙集－模糊神经网络，结构如图 5-5 所示。该网络共分 4 层，是一个多输入单输出系统。它是根据粗糙集和模糊神经网络理论的工作过程设计的，可以说是一个动态粗糙集实现的模糊神经网络预警模型。

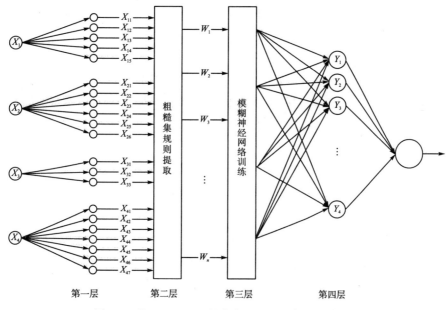

图 5-5 基于 RS-FNN 的水电工程施工事故预警模型

第一层是输入层，表示输入 $x = (x_1, x_2, \cdots, x_m)^T$，其中 m 为输入预警指标的个数。

第二层称为粗糙集预处理层，将 m 个预警指标$(x_1, x_2, \cdots, x_m)$按照一种不可分辨关系进行划分，使得每一个预警指标离散为 n 个不同的值，简化训练集。

第三层是模糊神经网络训练层，运用模糊神经网络知识存储和自适应性特征，实现与预警现实的无限逼近。

第四层是输出层，根据决策函数，输出测试样本警情。

(一)预警指标量纲化

由于在实际水电工程施工事故预警过程中，各预警指标数量级和量纲会存在不同，而且属性也不一样，为了消除各指标间的不可公度性和统一各指标的趋势要求，在进行预警前要对预警指标进行量纲处理[180]。

刘树林等[181]对各种指标属性进行了比较，并综述了现有的指标类型的量纲处理方法。结合水电工程施工事故预警的实际，为了充分利用 FNN 非线性逼近能力，采用非线性预警指标量纲化处理方法，消除各指标间的不可公度性。

1)极大型指标

$$f(x) = \begin{cases} A\mathrm{e}^{\frac{x-x_0}{x_{\max}-x_{\min}}}, & x > x_{\min} \\ 0, & x \leqslant x_{\min} \end{cases} \tag{5-35}$$

2)极小型指标

$$f(x) = \begin{cases} A\mathrm{e}^{\frac{x_{\max}-x}{x_{\max}-x_{\min}}}, & x < x_{\min} \\ 0, & x \geqslant x_{\min} \end{cases} \tag{5-36}$$

3)居中型指标

$$f(x) = \begin{cases} 0, & x \leqslant x_{\min} \text{ 或 } x \geqslant x_{\max} \\ A\mathrm{e}^{\frac{x_{\max}-x}{x_{\max}-x_{\min}}}, & x_0' < x < x_{\max} \\ A\mathrm{e}^{\frac{2(x-x_{\min})}{x_{\max}-x_{\min}}}, & x_{\min} < x < x_0' \end{cases} \tag{5-37}$$

式中，x_0 为预警指标平均值；$x_{\min}$ 为预警指标最小值；$x_{\max}$ 为预警指标最大值；A 为一般取 0.3，特殊情况下可以根据其性质和变化速度作相应调整。

(二)基于 RS 的水电工程施工预警规则提取

本书建立的指标是针对水电工程施工的共性预警指标，但在对具体工程对象进行预警时，可能存在个体差异，并不是每个指标与预警对象都有关系。如果根据所有的指标对工程对象进行预警，不仅不能保证预警指标权重的客观性、预警结果的准确性，而且由于计算的工作量大，造成样本训练的时间长，降低模糊神经网络本身的实时性，特别是在处理大容量数据时该现象更为明显。为了解决这一问题，本书考虑采用 RS 的方法对学习样本集进行预处理，剔除冗余、无用的信息，提取预警规则，将简化的数据作为 FNN 的训练样本，这样就可以大大缩短样本的训练时间，提高水电工程施工安全事故预警的效率，适应事故预警对实时性的要求。

现实中预警指标数据通常是不完整的，有必要将决策表补齐，同时由于 RS 理论对决策表进行处理的时候，需要考虑离散值的情况，因此所有的连续预警指标都必须经过离散化处理。RS 数据预处理水电工程施工安全预警指标详细过程通常包括三个阶段——决策表补齐、预警指标离散及知识约简。RS 指标预处理详细过程如图 5-6 所示。

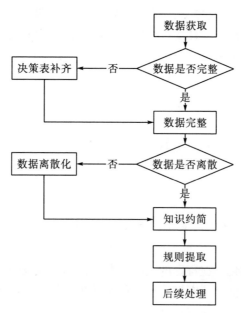

图 5-6　RS 指标预处理过程

1. 指标填补

由于历史预警指标数据通常是不完备的，这些数据影响了基于此类指标的数据挖掘分析结果，所以必须采取一种可行的预警指标填补方法，在保证填补后的指标产生的分类规则具有尽可能高的支持度且规则集中的前提下，对预警指标进行填补。目前填补方法有均值法、最大频法[182]、不完备数据分析方法[183]、基于信息表断点的填充方法[184]等。为了让缺失值所产生的规则与样本中其他相似样本所产生的规则尽可能一致，使预警指标值之间的差异尽可能保持最小，本书使用补齐算法中补齐性能最好的 ROUSTIDA 算法，基本算法如下。

输入：不完备知识表达系统 $S^0 = \langle U^0, A, V, f^0 \rangle$；

输出：完备的信息系统 $S^r = \langle U^r, A, V, f^r \rangle$；

步骤 1　计算初始可辨识矩阵 $\boldsymbol{M}^0$，$\boldsymbol{MAS}_i^0$ 和 $\boldsymbol{MOS}^0$，令 $r=0$；

步骤 2

首先，对于所有的 $i \in \boldsymbol{MOS}^r$，计算 $\boldsymbol{NS}_i^r$；

其次，产生 S^{r+1}；

①对于 $i \notin \boldsymbol{MOS}^r$，有 $a_k\,(x_i^{r+1}) = a_k\,(x_i^r)\,(k=1, 2, \cdots, m)$；

②对于所有的 $i \in \boldsymbol{MOS}^r$，对所有 $k \in \boldsymbol{MAS}_i^r$ 进行循环；

如果 $|\boldsymbol{NS}_i^r| = 1$，设 $j \in \boldsymbol{NS}_i^r$，若 $a_k(x_i^r) = *$，则 $a_k(x_i^{r+1}) = *$；否则

$a_k(x_i^{r+1}) = a_k(x_j^r)$；修改 M^r 的 $M(i, j)$ 和 $M(j, i)$，同时修改 MAS_i，MOS，NS_i 转步骤 2；

否则，对 $j \in NS_j^r$ 进行循环，同时在 M^r 中统计预警指标 k 在第 j 行中出现的次数，记录出现次数最少，且这个预警指标值不为遗失值的无差别对象 J，如果存在 j_0 和 $j_1 \in NS_i^r$，满足 $(a_k(x_{j_0}^r) \neq *) \cap (a_k(x_j^r) \neq *) \cap (a_k(x_j^r) \neq a_k(x_{j_0}^r))$，则 $a_k(x_i^{r+1}) = a_k(x_j^r)$；修改 M^r 的 $M(i, j)$ 和 $M(j, i)$，同时修改 MAS_i，MOS，NS_i，转步骤 2；

否则，如果存在 $j_0 \in NS_i^r$，满足 $a_k(x_{j_0}^r) \neq *$，则 $a_k(x_i^r) = a_k(x_{j_0}^r)$；修改 M^r 的 $M(i, j)$ 和 $M(j, i)$，同时修改 MAS_i，MOS，NS_i，转步骤 2；

步骤 3　删除噪声数据，算法结束。

2. 指标离散

在水电工程施工事故预警中，决策表中的预警指标值很多是连续的，但 Pawlak 提出的以不可分辨关系为核心的 RS 方法处理的是离散属性值，因此要将连续的预警指标离散化。在特定的连续预警指标的值域范围内设若干个离散化划分点，将预警指标的值域范围划分成一些离散化区间，其本质就是利用选取的断点来对预警指标构成的空间进行划分。

迄今的文献中已出现了大量的离散算法，根据不同的准则，离散方法可以分为等间隔和等频率区间法、基于统计检验的离散方法[185]、单规则离散器法[186]、自适应离散算法[187]、布尔量推理离散算法[188]、基于熵的离散方法[189]等。

由于目前还没有统一的判断标准去评判各种方法的优劣，也没有适用于不同类别数据、不同学习算法的离散方法，因此本书结合水电工程施工安全的特点，选择一种改进的基于信息熵的离散方法[190]，最低限度地减少信息丢失，保持数据分类能力和使最终的离散化最小。其基本思想是首先在以期望为中心，以方差为半径的区域内确定第一个最优离散点，再在邻接第一个查找区域的直径为两倍方差的区域内查找第二个离散点，以此类推，交叉地在以方差为中心的左右两边区域来查找离散点。

对条件数值属性 $a \in C$，设值域为 $V_a = [x_a, y_a]$，离散算法如下。

输入：决策表 U，决策属性 d，条件属性 a；

输出：离散化断点集合 P；

步骤 1　$P = \Phi$；$L = \{U\}$；$H = H(U)$；$X = U$，计算数据集 X 的期望值 m 和方差 δ；

步骤 2　计算候选断点集 B；

步骤 3　以 δ 为半径，m 为中心，事先划分区间 $[x_a, y_a]$，即 $V_a = \cdots \cup [m-3\delta, m-\delta) \cup [m-\delta, m+\delta) \cup [m+\delta, m+3\delta) \cup \cdots$，其中，中间每个子区间的长度均为 2δ，靠近区间端点的两个子区间的长度有可能与其他子区间不

等($<2\delta$)，$[x_a, y_a]$ 划分为 k 个区间；

步骤4　对每一个 B 中的 $c\in[m-\delta, m+\delta]$，计算 $H(c, L)$，选择使 $H(c, L)$ 最小的断点 $c_{\min}$，若 $H<\min\{H(c, L)\}$，则结束；否则，$H=H(c_{\min}, L)$，$c_{\min}$ 加到 P 中，$c_{\min}$ 把等价类 X 划分为子集 X_l 和 X_r，从 L 中去掉 X，把等价类 X_l 和 X_r 加入。

步骤5　继续计算出断点集 P：

①$i=1$；

②对每一个 B 中的 $c\in[m-(2i+1)\delta, m-(2i-1)\delta]$ 或 $c\in[m+(2i-1)\delta, m+(2i+1)\delta]$（交叉进行），计算 $H(c, L)$；

③选择使 $H(c, L)$ 最小的断点 $c_{\min}$，若 $H<H(c_{\min}, L)$，结束；否则转到④。

④把 $c_{\min}$ 加到 P 中，$H=H(c_{\min}, L)$，对所有的 $X\in L$，$c_{\min}$ 把等价类 X 划分为子集 X_l 和 X_r，从 L 中去掉 X，把等价类 X_l 和 X_r 加到 L 中。

⑤如果 L 中各个等价类中的实例都具有相同的决策，结束；否则，$i=i+1$，转到③。

3. 知识约简

知识约简是 RS 研究的核心问题之一，它描述了预警指标的必要性，通过知识约简，可以删除不必要的冗余指标，同时保持其预警能力不变，从而达到降低数据的维数。从研究的基点来看，知识约简研究大体上可分为基于正区域的知识约简算法[191]、基于差别矩阵及其改进的知识约简算法[192]、基于启发式的知识约简算法[193]三种。已有的大多数知识约简算法主要针对离散值的约简，为了解决连续预警指标值的约简，Yang 等[194] 在引入新的对象一致性定义后，提出一种新的基于一致性准则的属性约简模型，具体算法如下。

输入：①$S=\langle U, A, V, f\rangle$；

②一致性参数 ε；

输出：一个知识约简 R；

主要步骤：

步骤1　$\forall a\in C$：计算区别矩阵 $\boldsymbol{M}_a$；

步骤2　$R=\phi$；

步骤3　计算 $U(C, \varepsilon)$；

步骤4　对 $\forall a\in(C-R)$，计算 $\mathrm{Sig}(a, R, \varepsilon)$；

步骤5　求使 $\mathrm{Sig}(a, R, \varepsilon)$ 最大的属性 $b=\arg\max\limits_{a\in(C-R)}\mathrm{Sig}(a, R, \varepsilon)$；

步骤6　如果 $\mathrm{Sig}(b, R, \varepsilon)>0$，$R=R\cup\{b\}$；计算区别矩阵 $\boldsymbol{M}_R$；转步骤4；

步骤7　如果 $U(R, \varepsilon)\neq U(C, \varepsilon)$，则

①对 $\forall a\in(C-R)$，计算 $I(\boldsymbol{M}_{R\cup\{a\}})$；

②求使($I(\boldsymbol{M}_{R\cup\{a\}})-I(\boldsymbol{M}_R)$)最大的属性 $b=\underset{a\in(C-R)}{\arg\max}(I(\boldsymbol{M}_{R\cup\{a\}})-I(\boldsymbol{M}_R))$；

③如果 $I(\boldsymbol{M}_{R\cup\{a\}})>I(\boldsymbol{M}_R)$，则 $R=R\cup\{b\}$；计算区别矩阵 $\boldsymbol{M}_R$；转步骤4；

步骤8　返回 R。

（三）基于 FNN 的水电工程施工安全样本训练

1. 网络结构

根据模糊和神经网络连接的融合形态可归纳成松散型、并联型、串联型、网络学习型、结构等价型五大类。由于网络学习型模糊系统的隶属函数是通过神经网络的学习来生成和调整的，解决了模糊推理受预警对象限制的问题，同时也使神经网络结构具有一定实际意义，所以本书采用此种融合形态，连接方式见图5-7。

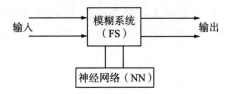

图 5-7　网络学习型模糊神经网络

网络结构是模糊神经网络的重要特征，从连接结构来看，FNN 主要有前馈型网络和反馈型网络。为了提高 FNN 学习能力，改善 FNN 逼近效果，不断修正和提升水电工程施工安全预警的可靠性，本书采用四层反馈型网络结构，如图5-8所示。

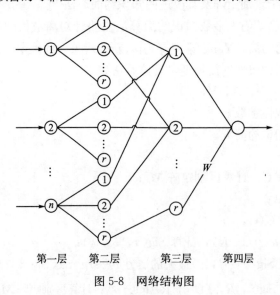

图 5-8　网络结构图

第一层：输入层，将粗糙集预处理的简约施工安全样本输入神经网络。

第二层：隶属度函数层，将 n 个施工安全简约样本(x_1，x_2，…，x_n)按照一种不可分辨关系进行划分，使得每一个预警指标离散为 r 个不同的值，这些值在 $[0,1]$ 内，选择常用 Gauss 隶属函数

$$\mu_{ij} = \exp\left(-\frac{(x_i - m_{ij})^2}{\sigma_{ij}^2}\right) \quad (i=1,2,\cdots,n; j=1,2,\cdots,r) \quad (5-38)$$

式中，r 为离散分割数；$\{m_{ij}, \sigma_{ij}\}$ 分别表示 Gauss 隶属函数的参数，在施工安全样本训练过程中，FNN 能自适应地调整每个预警指标的值。此层 k 时刻的输入 $x_{ij}(k) = x_i(k) + \mu_{ij}(k-1) \cdot \theta_{ij}$，$\theta_{ij}$ 表示递归单元的权值。此层中 $\mu_{ij}(k-1)$ 记录了网络 $k-1$ 时刻的信息，因而可以实现动态映射 μ_{ij}，m_{ij}，σ_{ij} 与隶属度生成层的各节点相对应。

第三层：规则层，主要根据 RS 提取的规则实现前提匹配。每一个节点代表 RS 提取的一条规则，该层节点与前一层节点的连接反映了与第二层节点的关联度。该层节点的作用函数取决于对规则的适用度为

$$H_i = \mu_{1i} \cdot \mu_{2i} \cdot \cdots \cdot \mu_{ni} = \prod_{j=1}^{z} \mu_{ji}, 1 \leqslant i \leqslant r \quad (5-39)$$

式中，r 为第三层的节点数，即规则条数。

第四层：输出层，因为水电工程施工预警模型为多输入单输出系统，权值 ω_i 的初始值预设为各规则粗糙隶属度值，然后用 BP 算法迭代，该层的输出函数：

$$y = \sum_{i=1}^{z} \omega_i H_i / \sum_{i=1}^{z} \omega_i \quad (5-40)$$

2. 聚类规则

聚类分析以相似性为基础，并且同一聚类中的模式之间比不同聚类中的模式之间具有更多的相似性。聚类分析算法可分为划分法、层次法、基于网格的方法、基于密度的方法、基于模型的方法等。1981 年 Bezkek 提出模糊 C 均值聚类是目前广泛采用的一种聚类算法，该算法给出每个样本隶属于某个聚类的隶属度，其优点是对于某些很难明显分类的变量，也可以得到令人较为满意的效果。

考虑一个施工安全样本集合 $X = [x_{ij}]$，其中 $i=1, 2, \cdots, n$；$j=1, 2, \cdots, m$；n 代表所含的样本数，m 代表每个施工安全样本中所含的变量数。此集合也可表示为：$X = \{x_1, x_2, \cdots, x_i, \cdots, x_n\}$，其中 $x_i = [x_{i1}, x_{i2}, \cdots, x_{in}]$，将此集合依据一定的准则用模糊聚类的方法分成 c 个模糊子集，这里 c 为事先给定的聚类个数，所用的准则一般是某个用来表征聚类的性能指标的预警函数。模糊聚类的结果可用隶属度矩阵 U 来表示：$U = [u_{ij}]$，u_{ij} 的值在 $[0,1]$ 内，表示样本集合中的元素 x_j 属于第 i 个聚类的程度，同时 u_{ij} 还必须满足：

$$\begin{cases} \sum_{i=1}^{n} u_{ij} = 1 & (j=1,2,\cdots,n) \\ 0 < \sum_{j=1}^{m} u_{ij} < n & (i=1,2,\cdots,c) \end{cases} \quad (5-41)$$

模糊 C 均值聚类算法的预警函数一般为如下形式：

$$J(u_{ij},\nu_k) = \sum_{i=1}^{c}\sum_{j=1}^{m} u_{ij}^{m'}\|x_j - \nu_j\|^2, m' > 1 \tag{5-42}$$

式中，m' 为影响隶属度矩阵模糊化程度的指数权重。求式(5-42)的极小化问题，可得到如下解：

$$\nu = \frac{1}{\sum_{j=1}^{m}(u_{ij})^{m'}}\sum_{j=1}^{n}(u_{ij})^{m'}x_j \quad (i=1,2,\cdots,c) \tag{5-43}$$

$$u_{ij} = \frac{(1/\|x_j - \nu_i\|^2)^{1/(m'-1)}}{\sum_{k=1}^{c}(1/\|x_j - \nu_k\|^2)^{1/(m'-1)}} \quad (i=1,2,\cdots,c;j=1,2,\cdots,n) \tag{5-44}$$

模糊 C 均值聚类算法提供了一种迭代算法来近似得到预警最优化值，从而得到一组规则，以此确定隐含层的节点数目。

3. 学习算法

为了防止"过拟合"现象，实现施工安全样本逼近效率与预警可靠性的平衡，控制样本拟合误差，改善收敛速度，FNN 学习过程如图 5-9 所示。

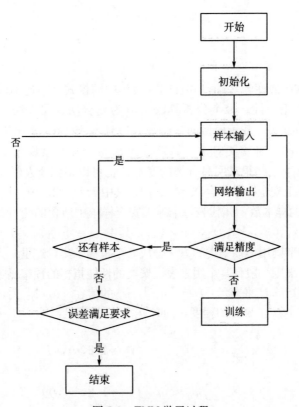

图 5-9 FNN学习过程

根据二乘法，为了使输出的误差函数 $E_P = \frac{1}{2}(y-Y)^2$ 最小（其中 y 为实际预警输出，Y 为理想预警输出），学习过程 m_{ij}，σ_{ij}，ω_{ij} 可以进行如下调整：

$$m_{ij}(n+1) = m_{ij}(n) - \eta\beta\frac{\partial E_p}{\partial m_{ij}} + \xi(m_{ij}(n) - m_{ij}(n-1)) \quad (5\text{-}45)$$

$$\sigma_{ij}(n+1) = \sigma_{ij}(n) - \eta\beta\frac{\partial E_p}{\partial \sigma_{ij}} + \xi(\sigma_{ij}(n) - \sigma_{ij}(n-1)) \quad (5\text{-}46)$$

$$\theta_{ij}(n+1) = \theta_{ij}(n) - \eta\beta\frac{\partial E_p}{\partial \theta_{ij}} + \xi(\theta_{ij}(n) - \theta_{ij}(n-1)) \quad (5\text{-}47)$$

$$\omega_{ij}(n+1) = \omega_{ij}(n) - \eta\beta\frac{\partial E_p}{\partial \omega_{ij}} + \xi(\omega_{ij}(n) - \omega_{ij}(n-1)) \quad (5\text{-}48)$$

式中，β 为修改步长的系数；η 为学习速率；ξ 为惯性系数（$0 \leqslant \xi \leqslant 1$）。

利用二乘法对误差函数 $E_P = \frac{1}{2}(y-Y)^2$ 分别求一阶导数，可得

$$\frac{\partial E_p}{\partial m_{ij}} = 2(y-Y)(w_j - y)\prod_{j=1}^{z}\mu_{ji}(X_i + \theta_{ij}\mu_{ij}(n-1) - m_{ij})/\sigma_{ij}^2 \quad (5\text{-}49)$$

$$\frac{\partial E_p}{\partial \sigma_{ij}} = 2(y-Y)(\omega_j - y)\prod_{j=1}^{z}\mu_{ji}\left[\sum_{i=1}^{n}(X_i + \theta_{ij}\mu_{ij}(n-1) - m_{ij})^2\right]/\sigma_{ij}^3$$

$$(5\text{-}50)$$

$$\frac{\partial E_p}{\partial \theta_{ij}} = -2(y-Y)(\omega_j - y)\prod_{j=1}^{z}\mu_{ji}\left[(X_i + \theta_{ij}\mu_{ij}(n-1) - m_{ij})\mu_{ij}(n-1)\right]/\sigma_{ij}^2$$

$$(5\text{-}51)$$

$$\frac{\partial E_p}{\partial \omega_{ij}} = (y-Y)\prod_{j=1}^{z}\mu_{ji} \quad (5\text{-}52)$$

FNN 学习过程采用以上变步长加速 FNN 训练算法，可以提高收敛速度，增强网络的稳定性，提升水电工程施工安全预警的实时性和可靠性。

三、水电工程施工事故预警组合模型

水电工程施工事故模糊可变预警模型和基于 RS-FNN 的水电工程施工事故预警模型都有一定的优点及局限性。在应用过程中，若将两模型有机结合起来，取长补短，则既能保证预警结果精度，又能满足及时掌控水电工程施工事故状态的需要，使水电工程施工事故预警管理工作更加客观、科学和有针对性。

两模型组合及应用的基本思路如图 5-10 所示。

在整个水电工程施工事故预警过程中，水电工程施工事故模糊可变预警模型的预警周期 T 小于基于 RS-FNN 的水电工程施工事故预警模型的预警周期 L，目的是要保证有充足的样本进行训练，既提高模型的有效性，又保证模型的可靠

性。此模型的整个预警过程以模糊可变预警模型为主，对水电工程施工安全状态进行及时有效的预警。基于 RS-FNN 的水电工程施工事故预警模型起到辅助校验的作用。

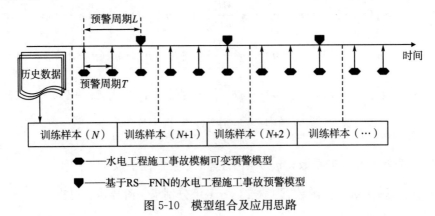

图 5-10　模型组合及应用思路

从图 5-10 可看出，模糊可变预警模型一直处于运行状态，而在某个特定的时点，基于 RS-FNN 的水电工程施工事故预警模型与模糊可变预警模型共同运行，相互印证。若二者评价一致，则证明模糊可变预警模型有效，可继续应用，否则，基于对两模型输出结果的权重的考虑，调整预警结果值，然后以调整后的数据扩充原有样本，重新进行迭代，改进聚类规则。新的聚类规则从变化的环境中学习到"新的知识"，这种"新的知识"提高了后续阶段预警结果的可靠性。

改进的聚类规则（聚类中心矩阵、模糊聚类矩阵）作为后续预警周期中使用的样本，直到再次与新一阶段的基于 RS-FNN 的水电工程施工事故预警模型比较并被调整。如图 5-10 所示，通过对历史数据分析处理，获得 N 个训练样本，对这 N 个训练样本进行迭代，获得初始聚类中心矩阵和模糊聚类矩阵，随后将这两个矩阵作为初始数据代入模糊可变预警模型进行预警。在特定时点，综合运用基于 RS-FNN 的水电工程施工事故预警模型和模糊可变预警模型，若二者预警值一致，则继续应用模糊可变预警模型，否则，考虑两模型输出结果的权重，调整预警值，然后以调整后的数据扩充原有样本，得到新的 N+1 个训练样本，重新进行迭代，继续改进模糊可变预警模型，接着应用改进的模糊可变预警模型进行预警。按上述原则进行相应处理，以此类推。具体步骤如图 5-11 所示。

若 21 个监测指标值分别为 $(x_1, x_2, x_3, \cdots, x_{21})$，将其分别代入模糊可变预警模型和基于 RS-FNN 的水电工程施工事故预警模型，依次得到预警值 y_1 和 y_2。根据预警准则，确定二者对应的警度。若警度相同，则视为结果一致，继续应用模糊可变预警模型；若警度不同，则对预警值进行调整。

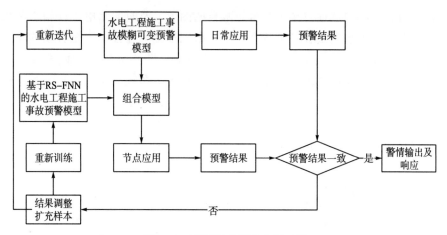

图 5-11　预警组合模型应用步骤

设模糊可变预警模型结果的权重为 α，则基于 RS-FNN 的水电工程施工事故预警模型的权重为 $1-\alpha$。调整后的预警值为

$$y^* = \alpha y_1 + (1-\alpha)y_2 \tag{5-53}$$

式中，α 取值范围为 $[0,1]$。

极端情况，即当 $\alpha=0$ 时，表示不考虑模糊可变预警模型，只以基于 RS-FNN 的水电工程施工事故预警模型预警结果为准；当 $\alpha=1$ 时，表示不考虑基于 RS-FNN 的水电工程施工事故预警模型，只以模糊可变预警模型预警结果为准。

通过以上处理，将水电工程施工事故模糊可变预警模型与基于 RS-FNN 的水电工程事故预警模型有机结合起来，为变权问题提供了解决方案，不同阶段采用不同的模型参数，适应了水电工程施工系统的动态性特点，同时两模型相互印证，有利于保证模型的精度和有效性，使得预警工作建立在科学的基础上，进一步提高了预警结果的可靠性及可信性。

第五节　水电工程施工事故预警警情输出

采集单预警指标监测值并采用上述组合模型对水电工程施工系统的局部及整体安全状态进行预警得到综合预警值，绘出水电工程施工事故预警管理系统的输出信号图，用于直观醒目地显示水电工程施工过程中的安全状况，可分为单预警指标的信号输出图及综合预警指标的信号输出图两大类。

单个水电工程施工事故预警指标的信号输出图可以反映某一风险因素的安全态势的波动情况。综合指标的信号输出图是以整个系统、部门或局部领域的综合参数值为基础，反映水电工程施工系统总体、部门或某一局部的安全态势波动情况。

　　各部门或局部领域通过预警信号灯醒目的图示，及时向水电工程施工事故预警部门及人员报告水电工程施工状态，对水电工程施工过程中安全波动的态势保持总体把握，以便采取相应的预控措施进行控制，防止微弱风险因素波动的叠加，或未被识别的波动现象突然影响到水电工程施工系统的正常运行。系统输出时，以横轴表示时间，纵轴表示单个预警指标或综合预警指标的预警阈值，可用红灯、黄灯、蓝灯、浅绿灯、绿灯表示五种安全状态。根据水电工程施工系统不同时刻的安全状态，绘出预警信号图，如图 5-12 所示。

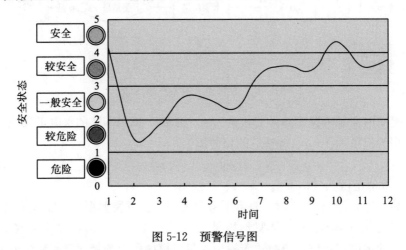

图 5-12　预警信号图

　　图 5-12 是水电工程施工系统总体安全状态的预警信号图，局部及单个指标的预警信号图与之类似。从图中可以分析水电工程施工系统预警周期内的水电工程施工安全状态，结合各单项预警指标信号图可深入分析该状态的形成过程及发生、发展趋势，还可以观察各项预警指标的变动是否正常或稳定。

　　水电工程施工事故预警管理活动过程中，绿灯的信号价值最大，水电工程施工状态在正常情况下应处于绿灯范围内。若信号图显示波动剧烈或下降到浅绿色，则意味着水电工程施工系统风险因素状态很不稳定，出现了某些隐患征兆。当处于蓝灯与黄灯范围内时，则说明水电工程施工系统已出现了预警管理危机现象，需结合实际立即分析产生的根源并采取相应预控措施。当处于红灯范围内时，则说明水电工程施工安全已受到严重威胁，必须立即深刻分析原因并采取更强更大的应急措施。以上提到的预控措施，是根据水电工程施工总体安全态势，结合对单一指标及局部预警信号图综合分析后制定的。

　　图形中曲线斜率的大小及方向代表了安全态势的发展变化，斜率大，图形陡峭，则说明水电工程施工系统风险因素状态变化大；曲线斜率小，图形平缓，则说明水电工程施工风险因素状态变化小。通过将单个指标的监测值或综合状态的预警值 L 与预警阈值相比较，就能确定水电工程施工系统所处的状态。

　　综合预警值反映的是水电工程施工系统的整体安全度或局部（并非单一）的安

全程度。单个预警指标监测值反映的仅是单一风险因素的安全程度。

　　根据预警过程可知，不同时刻相同的预警值，其状态相同，但导致施工事故风险因素的原因可能不同，采取的预控就可能有显著差异。因此，在水电工程施工事故预警管理决策过程中，不仅要考虑综合预警值所对应的安全状态，还必须考虑水电工程施工事故预警指标体系内每一个预警指标的安全状态，并进行综合分析，这样才能全面客观地反映整个水电工程施工系统的安全状态，做出正确决策。

本 章 小 结

　　本章针对水电工程施工的特点，从人、物、环境及管理四个方面深入分析，建立了施工与运行相耦合的事故预警指标体系，并给出了各预警指标的阈值及区间。对比分析常见预警方法，发现传统的预警方法多以线性等固定关系实现风险因素和预警结果的映射关系，不能清晰真实地反映事故动态、随机和模糊特点的因果关系。因此在考虑将各种方法有机组合的基础上，结合可变模糊集理论，构建了水电工程施工事故模糊可变预警单一模型，避免静态评价以及定权赋值产生的弊端。为提高预警精度，提高预警系统自学习和自适应能力，建立了基于RS-FNN 的水电工程施工事故预警组合模型，使用 RS 对预警指标进行预处理，再根据处理后的信息结构进行 FNN 的构建和训练，充分发挥了各方法的优势，反映事故预警整体性、动态性，确保了水电工程施工事故预警结果的有效性。

第六章 水电工程施工事故预控

水电工程施工事故预控是水电工程施工事故预警管理过程的延续，与预警管理存在着前后有序、信息共享的因果关系，因此水电工程施工事故预控是一项基础而重要的工作。由于我国水电工程多处于高山峡谷地带，地质条件往往极为复杂，施工环境恶劣，此外，水电工程施工组织形式以及工作范围等在客观上存在着各种不确定的、非线性的、未知的信息，因此如何在水电工程施工过程中准确预警并且有效地预控潜在事故一直是水电工程施工过程中的瓶颈。

第一节 水电工程施工事故的预控方法

一、预控管理的框架与思路

水电工程施工过程中绝对的安全态是一种理想状态，是水电工程参建单位追求的目标。水电工程施工转换过程中或多或少总是存在着危险态，需要参建单位坚持不懈地采取预控措施予以解决，解决思路如图 6-1 所示。

水电工程施工过程中存在危险态，就必然会出现物的不安全状态或人的不安全行为。欲使物回归安全态，最理想的办法是本质安全化，即通过一定的技术手段消除物的不安全状态。如果不能彻底消除，退而求其次的方法是降低或者限制物的不安全状态。再其次的方法就是防护，包括预防与控制两个方面。由此可见，预防与控制措施是因为水电工程施工转换过程存在危险态，又不能消除与降低而不得已所采取的措施。三个方法中第一个方法是解决水电工程施工事故问题的首选方法，但这一方法需要较多的安全经费投入，并需要一定的科技实力为支撑，并且涉及物的全过程。

欲使人在作业过程中始终保持安全行为或尽量减少不安全行为，其解决思路有两个[195]。一是自律，在水电工程施工作业中形成一套自我管理、自我控制的管理模式，并通过训练成为习惯；自律以水电工程施工从业者的安全素养、安全态度、行为习惯和作业技能为基础，这就要求水电工程施工管理人员能预先做好计划安排，提供标准化的作业程序、作业指导书，应急救援预案等，即提供优质的管理服务，并通过安全教育培训使其训练有素。二是他律，通过安全法律、法规、规章制度、监管手段等来促使从业人员持续保持安全的行为；他律以有法必依、执法必严为前提。

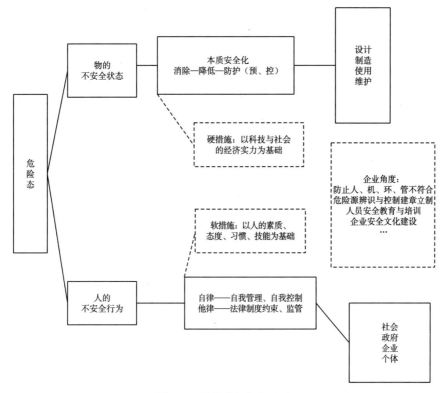

图 6-1 预控的框架与思路

根据水电工程施工周期长，标段多，施工队伍层次多，风险存在时间长，作业交叉相互干扰因素多，协调任务重等特点，水电工程施工事故预控方法研究以系统理论为指导，树立"全面管理、全过程控制、全员参与、持续改进"的预控管理理念，强化预控管理的协调性、规范性与科学性。遵循系统理论的投入—转换—产出的基本思路，根据水电工程应用与实践，提炼出"四危四护一标准"的预控方法。

二、"四危四护一标准"要素

（一）"四危"要素

"四危"是指危险行为、危险状态、危险部位、危害后果。

1）危险行为

危险行为是指水电工程施工从业人员在施工作业过程中可能产生的违反劳动纪律或违反安全操作规程、误操作、疏忽大意等不安全行为。例如，作业班组未按作业指导书要求作业；作业人员没正确佩戴劳动保护用品、高危作业未执行监护制度、违章冒险指挥与冒险作业等。这些危险行为有可能成为发生水电工程施工事故的触媒。

2）危险状态

危险状态是指水电工程施工作业现场中的设备、设施、工（器）具、原料以及作业环境等可能存在的不安全状态。例如，移动式电动设备的电缆有多个接头，构件材质或规格不符合要求，边坡存在危石或浮渣而下方在施工，临空面作业没搭设防护栏杆等。如果施工作业之前，对诸如此类的不安全状态未进行仔细的检查与处置，那么这种不安全状态就可能演变为事故隐患，并在触媒作用下转化成事故。

3）危险部位

危险部位指危险空间与危险时间。

危险空间是指水电工程施工作业区域中可能存在发生事故的作业危险点、面与空间。例如，电焊作业点易发生触电、电气火灾、爆炸和灼烫事故。高处临边作业面易发生高处坠落伤害事故。两台以上起吊设备进行起吊作业，若起吊设备的吊运区域存在局部重叠，则这部分重叠区就是危险空间，稍有不慎，便可能发生两台设备相撞的事故。

危险时间是指容易出现事故的时间点或时间段。例如，节假日及其前后、交接班前后、凌晨 04：00～06：00；触电事故多发生在夏秋两季，雷击事故多发生在春夏之交的雷雨季节，火灾事故多发生在秋冬两季等。

4）危害后果

危害后果是指事故一旦发生，可能存在的后果。例如，高处坠落、物体打击、机械伤害、触电事故等极易造成单一个体受伤害的后果；车辆伤害、坍塌、放炮、瓦斯爆炸等易造成群体受伤害的后果；行走式工程机械设备出事故时，其后果是驾驶人员自身受伤害的概率比较大。

（二）"四护"要素

"四护"是指防护、维护、监护、救护。

1）防护

为了保证水电工程施工从业人员的人身安全，施工现场一般要设置两级防护。第一级防护是设置施工安全防护设施；第二级防护是个体穿戴劳动防护用品。

施工安全防护设施指在施工生产现场用于保障安全生产、防止事故发生的防护装置、构筑物、构件、器具、设备等。劳动防护用品是指生产经营单位为从业人员配备的，使其在劳动过程中免遭或者减轻事故伤害及职业危害的个人防护装备。

在临空、临边、高处危险作业中设置一级防护有困难或作业平台不能满足安全要求的，可采用三峡工程建设中创造的一种"双保险"防护模式，即仓面临空作业、高处危险作业，凡作业平台不能满足安全要求的，作业人员必须同时佩戴安全带、安全绳(双保险)，安全带和安全绳必须系在不同部位。

2)维护

维护是指对设施、设备与工器具经及安全设施、设备的维护与保养。例如，起重机械设备在使用过程中应建立检修安全技术档案，定期自检和维护保养；脚手架在使用过程中，实行定期检查和班前检查制度，若发现脚手架有异常情况，则应及时报告设计部门和安全部门，由设计部门和安全部门对脚手架进行检查鉴定，确认脚手架的安全稳定性后方可使用；电动工具使用前的检查与保养等。

3)监护

监护是指水电工程施工作业中实施的监督保护措施。在施工作业过程中有许监护制度，如电业操作中的"二票三制"；特殊危险作业的"监理旁站"制；重大危险源现场的专人监护；班组作业中的相互检查、相互监督；新员工挂牌上岗等，都是监护措施。例如，在脚手架上进行电焊、气焊作业或在有脚手架的部位从事吊装作业，不仅要采取防火和防撞击脚手架的安全措施，还要派专人现场实施监护。

4)救护

救护是指水电工程施工事故发生时，从业人员的自救与互救，以及应急救援预案的启动。施工现场一旦发生事故，现场作业人员在最短时间内若能以正确的方法对伤者施行急救，则可以减轻伤者的痛苦，防止伤情的进一步恶化，最大限度地挽救生命。例如，触电事故的现场救护应执行"八字"原则：迅速、就地、准确、坚持。迅速是指要争分夺秒使触电者脱离电源。就地是指必须在现场附近就地抢救，以免耽误抢救时间。因为从触电之时算起，5min 以内及时抢救，救生率 90% 左右；10min 以内抢救，救生率 60% 左右；超过 15min 则希望其微。准确是说人工呼吸法等抢救动作必须准确。坚持是指只要有百分之一希望就要尽百分之百努力去抢救。

从客观上讲，水电工程施工现场一般都较偏僻，人员触电后在 5min 之内送达医院施救的可能性较小，现场作业人员懂得触电施救程序和施救技术，对于降低触电事故的后果严重程度具有非常重要的意义。所以，现场施工作业人员应该懂得诸如急性中毒、化学灼伤、中暑、触电、溺水、野兽咬伤等常规现场急救技术。急救知识与技能可以通过安全教育培训获得，只有平时受到良好的自救互救方法培训，才能在发生事故时临危不乱，快速有效地应急避险、救助伤者。

(三)"一标准"要素

"一标准"是指标准化作业。标准化作业是一种科学的优化作业方法,它对控制人为失误效果显著,尤其是程序性强的作业,如起重、爆破、砼浇筑、停送电作业等更为适用。

执行标准化作业的前提是制定有作业标准,标准中应对作业程序、动作标准(如行走路线、站立位置、姿势、肢体动作、视线角度等)及相互动作配合和信号联络以及工作质量要求等加以科学规定。

在施工作业过程中,应全面推行标准化作业制度,制定标准化作业程序和作业指导书,通过标准化作业来规范作业内容和作业动作、规定状态与技术条件。这一要素也是水电工程施工特点决定的,当多施工队伍在同一作业区域内作业时,为了避免相互干扰,必须遵守标准化的作业程序与规定,如执行同一个施工标准、同一个规章制度、同一个施工方案、同一个作业指导书等,以保证操作行为的规范统一。

高危作业必须按安全作业程序指导书施工。大件吊装、保温被挂设与拆除、爆破作业、大型模板安装与拆除、排架搭设与拆除、大型施工设备安装与拆除等高危作业,施工单位必须制定作业程序指导书,监理工程师必须对作业程序指导书进行审核,对执行作业程序指导书的全过程进行巡查监督。现场作业不按作业程序指导书施工,监理工程师应下停工令,不允许继续作业或进行下一道工序施工。

认真执行这些标准化的作业程序与规定,是防止人的不安全行为与物的不安全状态,预控水电工程施工事故发生的强有力的武器。

三、预控管理六项循环

"预控管理六项循环"是指班前会、预知危险活动、作业前的安全检查、班中安全检查、班后现场清理整顿、交接班安全确认等六项制度。

1)班前会

在施工现场设立班前5min活动园地。悬挂预知危险标牌,班组成员排队整齐。然后,由班组长或其他负责人通报上一个作业班次(天)的安全生产情况,点评存在的问题和处理结果;传达上级安全工作精神,布置当班任务,提出具体问题,说明作业重点和要点,落实安全防范措施。然后,作业人员互相检查劳保着装,观察并互问身体健康状况;班组成员集体高呼当天安全生产行动口号,振作精神,激励士气;全体成员在班前会记录本上签名。这一活动的目的是告知情况、提振精神,表明一天的作业马上要开始了。

2)预知危险活动

预知危险活动在作业前进行。首先,由班组长或工程技术人员向班组成员进行作业程序交底,将当天的作业对象、作业类别、工作方式、可能的"四危"要素以及采取的"四护"措施,向员工逐一交代,征求意见。然后,班组成员逐一发言,列数当天工作可能出现的危险状态、危险行为、危险部位、危害后果以及防护制约措施与行动目标。最后由班组长归纳总结,并将预知的危险或预想事故及对策填写在预知危险活动标牌上。预知危险活动牌由班组长签名,现场悬挂,全体员工确认,以作警示。

这一活动的目的是通过作业前的"四危""四护"预想,强化认知、加深印象、牢记对策。

3)作业前的安全检查

预知危险活动结束后,应全面检查作业面的安全防护与通道、机械设备、用电设施、工器具以及周围环境是否符合安全生产规定,对隐患彻底消除;经安全确认,一切处于受控状态后,按照作业程序指导书规定的程序安排工作并强调抵制"三违"并做到"四不伤害"。"三违"是指违章指挥、违章操作、违反劳动纪律的行为;"四不伤害"是指不伤害他人、不伤害自己、不被他人伤害和保护他人不被伤害。

作业前进行安全检查,其目的是对现场作业环境、物的状态了然于胸。这三项活动做完,意味着作业人员对当天作业的"四危"状态以及应该采取的对策有足够的认知,作业现场处于受控状态之中。

4)班中安全检查

由班组副职和兼职安全员负责施工过程中的安全巡查,检查班组成员是否按照标准化作业程序指导书的程序施工,纠正违反者,并经确认规范后再允许作业,对危险作业进行重点监控和随机监控。发现危及人身安全的险情时,立即组织撤出作业人员,封闭危险区,同时向所在班组长或直接向上级领导报告,切实履行安全监督职责。班组兼职安全员应佩戴"安全监督"字样的红色袖标,并接受上级安全部门和监理单位的现场监督指导。

班中安全检查的目的在于进一步确认作业环境、核查物的状态是否依然处于可控状态,提醒班组成员按标准作业,确保本班作业的安全性,实现"今天无事故"的安全目标,也不给下一班(或工序)留下隐患。

5)班后清理整顿

下班前的10~15min时间,由班组长组织成员对施工现场进行清理,断开电源,妥善管理机械设备,收回工器具,材料分类码放,封闭暂停使用的通道,将废弃物袋装化处理,并在下班前运出工作面,弃放在规定处。

班后清理整顿的目的是形成安全文明、整齐划一的场地,为下一班(工序)的作业创造良好的作业环境与条件。

6)交接班安全确认

当天工作结束后,由班组长对施工现场进行安全确认。凡未达到要求的,责令有关人员重新清理整顿，直至符合规定。接班人员对上一班交给的工作面(或工序)有异议时，有权拒绝接班(或工序)。可经协商，由上一班整改后再行交接。如果上一班留有隐患，或对问题交代不清，而导致事故的，则由上一班带班负责人负主要责任。如果接班人员不认真履行现场清理确认，盲目接班，由此引发的一切后果由接班负责人承担。

交接班安全确认制度的目的是安全确认、责任划分，不仅当班的作业班组要对本班的作业活动进行安全确认，而且要得到下一班组(工序)的认可，才能正常交接，圆满地完成一天的工作。

"预控管理六项循环"制度在班组每天的作业中周而复始、循环执行。通过长期的认知"四危"，保证"四护"，按"标准"作业程序去执行，逐渐形成一种习惯，将"认知—执行—防护"融为一体，使作业班组训练有素，成长为自主管理、自我控制的优秀作业班组，成为水电工程施工事故预控的中坚力量。

另外，预危险、知活动是班组安全教育改革的重要措施，是控制人为失误，提高职工安全意识和安全素质，落实安全操作规程和岗位责任制，进行岗位安全教育，真正实现"四不伤害"的重要手段。

第二节　水电工程施工事故的预控管理

水电工程施工事故预控管理是整个预警分析过程的延续，与预警管理存在着前后有序、信息共享的因果关系。

通常来讲，水电工程施工事故预控管理可以划分为两个阶段。第一阶段的预控管理内容是从预防的角度，调节人、机、环境的风险因素，管理人、机、环境以及三者之间的关系，促使水电工程施工事故预警管理体系中人、机、环境三者处于和谐的状态，维护水电工程施工系统的安全，避免水电工程施工系统朝着危险状态转化；第二阶段的预控管理的重点是从控制的角度，切断水电工程施工事故发展的进程。一旦水电工程施工系统中人、机、环境三者之间的和谐关系被打破，那么水电工程施工事故预警管理体系就容易出现故障，因此这一阶段管理的重点是调节水电工程施工事故预警管理体系故障，包括及时控制人的不安全行为、物的不安全状态，改造环境的不安全条件等措施。

一、水电工程施工事故预控管理内容

水电工程施工事故预控是指根据危害性评价结论，结合水电工程施工事故发生机理、过程及发展趋势，制定相应的防范与控制措施，以应对可能发生的施工事故。水电工程施工事故预控管理活动阶段如下。

1)组织管理

开展水电工程施工事故预测分析和采取对策行动都属于水电工程施工事故预警管理体系中组织管理活动的内容，具体说来，包括整个水电工程施工事故预警管理的组织构成及开展预警预控活动的流程、制度。组织管理活动的意义在于重构的组织架构为预控活动提供组织保障，保证预警和预控活动的顺利开展。

2)日常管理

预警管理确定的预警指标，对水电工程施工事故发生发展有较大影响作用，因此及时跟踪、监测这些核心风险因素极为必要，日常管理就是对这些核心风险因素进行特别监视与控制的管理活动。由于风险因素不断变化发展，且可能很难被控制，因此日常对策和应急演练就成为日常管理的两大任务。日常对策是一项对水电工程施工风险因素进行纠正的活动，防止风险因素的扩展蔓延，逐渐使风险因素恢复到正常的状态。应急演练是一项对可能出现的事故状态进行假设与模拟的活动，其目的是在发现风险因素难以有效控制时，提出相应的控制方案，为危机与应急管理做好准备，尽量减少水电工程施工事故损失。

3)危机管理

水电工程施工事故危机管理包括水电工程施工重大事故引起的企业乃至社会的连锁反应，其呈现的危机状态是造成人员伤亡、施工活动中止、整体管理失控，甚至社会性灾害。水电工程施工事故危机管理开始的情形主要有两种：一是水电工程施工事故预警管理体系已经无法控制事故状态；二是水电工程施工现场基本丧失指挥能力。水电工程施工事故危机管理是一种以危机领导小组、危机计划、应急措施介入水电工程施工过程的管理活动。

通常来讲，水电工程施工事故预控对象主要包括两个方面：一是对重复性水电工程施工事故预控，即通过对水电工程施工过程中已发生过的施工事故进行统计和分析，探索水电工程施工事故发生机理，制定防范类似施工事故再次发生的措施与方案，避免类似事故的重复发生；二是对水电工程施工过程中可能发生的事故的预防，即根据水电工程施工事故预测，分析此类水电工程施工事故的风险构成要素，并推理分析风险因素的相互作用，模拟水电工程施工事故发生发展过程，制定消除或者减轻风险因素的措施，防止水电工程施工事故的发生。

当然，以上两个方面都是基于水电工程施工事故预控，只不过两者的对象不同：前者是针对已经出现过的事故，而后者则针对即将可能出现的事故，两者都需要根据危害性评价结论或者推测，结合事故致因、过程及发展趋势，制定相应的预控措施，以应对可能发生或可能再次发生的水电工程施工事故，从而保证水电工程的顺利实施。

二、水电工程施工事故宏观预控管理

宏观预控管理主要是从宏观层面完善水电工程施工安全生产管理体制和安全生产管理法律法规体系。

1)完善水电工程施工安全生产管理体制

根据"政府统一领导、部门依法监管、企业全面负责、群众监督参与、社会广泛支持"的要求,水电工程施工安全生产管理体制和机制需要不断创新,亟需两个转变:一是从传统的行政管理向依法监管的转变;二是由经验型被动管理向预警预控型主动管理转变。实现两个转变需要做到五个方面。

一要建立水电施工行业安全绩效考核指标体系,量化和细化考核目标,推动行业安全生产目标管理。

二要提高水电施工事故快速响应和应急救援能力,控制人员伤亡,减少事故损失。

三要深入贯彻《安全生产许可证条例》,严格实行水电施工企业安全生产许可证制度,严格推行市场准入制。

四要积极推行安全生产标准化,不断推进水电行业安全标准制定、修正工作,提高监督检查力度,努力实现安全生产的制度化、规范化和科学化。

五要引导水电参建单位建立职业安全健康管理体系,建立安全监管的长效机制。

2)完善水电工程施工安全生产管理法律法规体系

构建一套完备的水电工程施工安全生产管理法律法规体系是全面加强安全生产管理法制建设的客观要求。实现有法可依、有章可循、依法管理、规范执法,是全面加强安全生产管理法制建设的目标。实现水电安全生产的长治久安,不但需要稳定持久的长效工作机制保障,更需要可靠、健全的法律保障。

目前我国已经制定和颁布了多部有关水电工程施工安全管理的法律、法规和规章,基本实现了对水电工程施工安全的依法管理。《安全生产法》、《水电建设工程施工安全管理暂行办法》等法律法规和规章制度的颁布和实施,提高了水电工程施工安全管理的水平,促进了水电工程施工伤亡事故的减少。然而,随着水电工程施工行业的迅猛发展,我国现有的水电工程施工安全管理法律法规已经很难适应当前水电工程施工安全管理工作的需要。为进一步加强水电工程施工安全管理,制定和修正水电工程施工安全管理相关的法律法规已迫在眉睫。

三、水电工程施工事故微观预控管理

微观预控管理侧重于对水电工程施工系统中的人、机、环境的管理调节。微观预控管理可以分为一级管理调节和二级管理调节。一级管理调节的目的是形成和谐的水电工程施工事故预控安全保障体系；二级管理调节的目的则是调节失效的水电工程施工事故预控安全保障体系，防止水电工程施工系统向危险状态转化。

（一）一级管理调节

一级管理调节主要包括对人的管理调节和对物的管理调节。

1）对人的一级管理调节

通过对 4M 事故因素理论的分析，对人的一级管理调节主要有两个方面：一是提升水电工程施工作业人员的自律行为；二是通过法律法规、规范标准、监管等他律手段，规范水电工程施工作业人员的行为。

在一级管理调节过程中，人才的引进需要预警管理部门的参与，也需要人力资源部门的配合。在招聘、筛选阶段，预警管理部门和人力资源管理部门根据水电工程施工岗位特征，对选拔的人员进行生理和心理素质测试，避免接收一些特殊人员，如患有恐高症、心脏病的人等。在工种分配上，根据人的生理状况和性格特征，力求做到人岗匹配，从源头上杜绝或减少人的不安全行为。

对于已经进场的水电工程施工作业人员，安全培训同样需要多个部门的配合。加强对新职工上岗前的培训以及换岗、复岗、轮岗前的培训是水电工程参建单位的一项根本任务，保证安全培训工作的顺利开展，需要充足的安全培训投入。同时，将安全培训工作定期化也是非常重要的环节。通过定期化的施工安全生产培训，补充水电工程施工作业人员的安全生产知识，增强作业人员的安全意识，促进作业人员安全素质的提升。

此外，预警管理组织者在预警管理中的作用固然重要，但全员参与管理也十分重要。预警管理涉及水电工程施工活动的方方面面，涉及所有施工环节以及其他一切变化着的风险因素。因此，实施全员、全过程、全方位的动态预警管理，已成为水电工程事故预警管理的必由之路。

2）对物的一级管理调节

对物的一级管理调节的目的是防止出现物的不安全状态，应合理选择施工机械设备、防护用品。由于水电工程施工环境复杂，选用的机械设备不仅要适应水电工程施工作业场地的气候、地形、运输距离及施工断面形状尺寸等要求，还必须满足机械容量与工程进度及工程量相符合的要求，尽可能避免因机械工作能力不足而造成工期延缓的现象。必要时，还应改进设备的设计、性能及安全保护装置，便于操作。

（二）二级管理调节

1）对人的二级管理调节

对人的二级管理调节主要是指规范现场水电工程施工作业行为，加强对水电工程施工人员的现场安全监管，及时制止和规范人的不安全行为。加大现场监管力度，实现监管与施工工作的同步，一旦施工事故出现，就应立即启动预案和施工事故现场处置方案，中断水电工程施工事故转化的进程，将事故扼杀在萌芽阶段，控制和减少事故造成的损失。

2）对物的二级管理调节

对物的二级管理调节工作是一项比较复杂的工作，需要定期针对影响机械安全性能的因素，对机械设备进行有目的性的安全检测。一旦出现物的不安全状态，而机械设备却没有及时制动，那么机械设备要强行制动，防止施工事故的发生。

3）对环境的二级管理调节

环境的不安全条件也是引起水电工程施工事故的致因之一。作为预警管理人员，不仅需要对施工环境全面了解，还应积极配置安全防护设施，设置安全警示标志，为水电工程施工作业人员营造一个相对安全的作业环境。

水电工程的性质、目的、作用不同，环境对水电工程施工安全的影响也不尽相同。因此，应在综合评价水电工程施工环境的基础上，明确控制环境的不安全条件的目标和任务，制定针对性的计划和措施，保证水电工程施工处于相对安全的环境。

第三节　水电工程施工事故的预案管理

预案管理是指根据安全评估分析或者经验，根据潜在的或者可能发生的水电工程施工事故的类别和影响程度而事先制定的应急处置方案，一旦预测的情况发生，就可以按照预定的方案行动，同时根据事态发展及时调整行动方案，以控制事故的恶化和蔓延，将可能的损失降至最低，维护整体利益和长远利益。水电工程施工事故具有突然性，对项目计划的正常实施产生较大冲击，不仅严重制约了水电工程项目施工的进度，还影响了水电工程的质量，对项目目标的实现产生十分不利的影响。水电工程施工事故的预案管理需要用最低的成本，采用计划、组织、实施、控制等管理方式降低水电工程施工事故所带来的负面影响，最大限度地保障水电工程施工项目按时、按质、按量完成。

一、水电工程施工事故应急预案的编制

水电工程危险因素多，安全事故多，不同的事故有不同的应急预案，不同的预案具有不同的意义。

①消除隐患。水电工程安全隐患多，消除水电工程的安全隐患是水电工程施

工预警管理的重要目标。正如"防范胜于救援"一样，如果能把水电工程施工事故消灭在萌芽阶段，将是预警管理的最理想状态。

②及时出动。水电工程施工事故具有突发性和偶然性的特点，很难预防。一旦发生，就要求必须采取相应的措施进行应急救援，应急救援的及时启动显得非常重要，水电工程施工事故的危害性和紧急性决定了其应急救援必须争分夺秒，从某种意义上而言，能否及时出动影响了水电工程施工事故应急救援的成败。

③动态调整。水电工程施工事故复杂多变的特性，决定了水电工程施工事故的应急救援也应是动态变化的。在紧急情况下，决策者尊重专家意见，以专家对预案的动态调整作为决策依据。

（一）水电工程施工事故应急预案编制的要素

应急预案通常包含情景、客体、主体、目标、措施和方法 6 个要素。水电工程施工事故应急预案同样包含这 6 个要素，如图 6-2 所示。

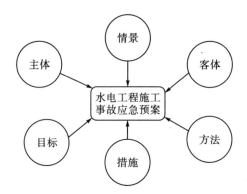

图 6-2　水电工程施工事故应急预案的 6 个要素

1）情景

情景是一切涉及应急预案编制和实施的有关水电工程施工事故的背景和情况的总称。情景制约着其他五个要素，对整个预案有着重要的影响。情景可分为自然性情景和人文情景。自然性情景包括水电工程所在地的气候、水文、地址、生物等自然因素。人文情景包括工程性情景和非工程性情景。工程性情景包括施工作业人员的分布、施工作业工序的安排、机械设备的使用情况、物资的存放等。非工程性情景包括政府的关注程度、媒体的宣传和关注程度、从业人员的安全意识、组织动员能力、预警系统等。

2）客体

客体就是预案实施的对象。客体是水电工程施工事故发生的直接对象。制定科学预案的前提就是针对事件作用的客体，识别客体的紧急状况和受灾程度，分析事件的发展趋势。客体包含的内容十分广泛，既可以是人，又可以是工程对象，甚至可以是某一地点或范围。

3) 主体

主体就是预案实施的组织或个人，包括决策者、组织者和执行者。在各类主体中，决策者是最为关键的主体。决策者确定预案的方向性、根本性的问题，而组织者和执行者是执行决策者的意志。决策者决策方向的正误以及决策方案是否可靠直接影响着预案的实施效果。

4) 目标

目标就是预案实施期望实现的目的或效果。预案根本的目标是尽可能减少事故造成的损失，尽可能消除水电工程施工事故带来的负面影响。只有制定了目标，预案才能具有针对性，才能有的放矢。预案目标需要根据具体的时空情况来确定。一旦目标确定，有可能需要牺牲某些局部利益，这是由目标的关联性决定的。

5) 措施

措施就是预案中应急救援采取的具体手段。措施分为工程性措施和非工程性措施。工程性措施包括使用救援设备，设置紧急救援区域，配备救援防护用品，封堵、疏散作业等；非工程性措施包括政府财力物力的支持、后勤物资的保障、应急救援的组织与协调等。工程性措施是非工程性措施的基础，非工程性措施是工程性措施的先导和补充。工程性措施是最直接、最有效的救援措施。

6) 方法

预案编制涉及如何决策的问题。预案中必须明确紧急情况出现时的决策方法。有些水电工程施工事故需要采取救治、消毒、隔离等措施时，这些措施相互之间存在着一定的逻辑关系和时间顺序，需要借助项目管理的方法对这些措施进行有效的管理。

(二)水电工程施工事故应急预案的编制原则

1) 科学性原则

科学性原则是预案编制的首要原则。科学性原则体现在预案的指导思想、生产程序、方法及实施措施都应具有科学性，也就是说预案是在熟悉水电工程施工事故发生、发展的机理的基础上，借鉴其他领域及同类事件的先进成果，并结合多年的施工管理经验而编制的，预案编制的目标是保证预案能在实施过程中发挥实实在在的效果。

2) 可操作性原则

预案追求的是实施后达到预期的效果，而不是追求理论上的完美。任何一个不具有操作性或操作性很差的预案都是没有太大价值的。应急预案是一种针对水电工程施工事故的一种预控措施，措施是否具体可靠决定了水电工程施工事故发生后应急救援的成败。适用性和实用性是预案的本质要求。

3)动态性原则

动态性原则主要是由水电工程施工事故本身的发展规律、外部环境的变化及人的有限理性决定的。水电工程施工事故的突发性和信息的高度缺失性,使得应急预案不可能达到绝对完善的程度,也不可能涵盖所有的可能性。水电工程施工事故发生后,由于事件自身的演化或其他因素的耦合干扰,水电工程施工事故所涉及的人员、资源、环境等要素的性质、特征等都会发生变化。因此,鉴于水电工程施工事故的发展态势、并发及诱发事件发生的可能性和预案实施效果的有限性,在应急预案的实施和执行过程中根据环境的变化对预案进行动态调整是非常有必要的。

4)系统性原则

完备的预案应该成为一个系统。具体而言,水电工程施工事故灾情分类、分级要成系统,资源状况的评估要成系统,预案生成的原则、方法、程序也要有一个严密的体系。这些不同的系统之间并不是彼此孤立的,而是相互联系、相互制约的。预案的系统性原则不仅体现在对水电工程施工事故的应对过程具有重要意义,而且有助于为预案的补充与完善提供基础和平台。

(三)水电工程施工事故应急预案编制的流程

水电工程施工事故具有自身的形成、发展机理,只有充分认识水电工程施工事故本身的规律和特点,应急预案的编制才具有针对性和实用性。水电工程施工应急预案的编制流程如图 6-3 所示。

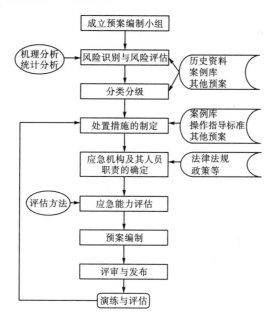

图 6-3 水电工程施工应急预案的编制流程

1)成立预案编制小组

成立预案编制小组是将有关职能部门、各类专业技术人才有效结合起来，充分发挥集体智慧，体现优势互补、经验互补，保障应急预案的科学性、准确性和完备性。水电工程施工作业面广，危险因素多，需要多部门、多种人员参与。水电工程施工事故应急预案编制小组应包括项目负责人、工程技术、安全环保、机电物资、消防、医疗救护等人员。

2)风险识别与风险评估

水电工程施工过程中存在着方方面面的风险，包括人员的风险、设备的风险及环境的风险等。调查所有的风险是不现实的。风险识别是对水电工程施工过程中存在的重大风险因素进行有效识别，作为下一次评估的对象。总结过去发生的重特大事故，将这些重特大事故进行分门别类，每种类型对应不同级别，分析事故发生的机理及规律，为事故预警和预控提供参考和依据。

3)分类分级

不同的事故类型需要不同的事故应急预案。对事故分类分级是编制预案前必不可少的一项工作。根据事故的分类分级，制定具有针对性的事故预案，同时也便于管理。

4)具体措施的制定

在对事故进行分类分级之后就应制定具体的应对措施。在制定措施时务求具体、详细，切忌空泛，同时应明确责任人和执行人。具体措施既可以是采用标准化的操作，又可以是采取网络计划的方法以建议的形式反映出来。

5)应急机构及其人员职责的确定

明确人员职责是实施应急救援活动的重要保证。预案的实施最终是由人去执行和完成的。明确人员职责是预案编制过程中的一个重要环节。项目经理通常是水电工程建设的第一责任人。水电工程施工重特大事故必须成立应急救援指挥部，包括应急救援指挥部办公室、现场救援及生产恢复组、医疗救援及后勤服务组、事故调查处理组、技术指导组及治安警戒组。总指挥由项目经理担任，各小组成员分别从项目部各职能单位抽调，必要时从外协单位调派。

6)应急能力评估

应急能力评估是在危险分析的基础上进行的。应急能力将直接影响到应急行动的快速性和有效性。应急能力包括应急救援人员的技术能力、经验，接受的培训及应急资源的储备与分布等。应急资源包括应急人员、应急设施和设备、装备和物资等。应急资源的评估主要是评估应急资源的种类、数量以及可获得性。

7)应急预案编制

依据单位风险评估及应急能力评估结果，组织编制应急预案。应急预案编制应注重系统性和可操作性，做到与相关部门和单位应急预案相衔接。

8)演练与评估

演练与评估是预案编制之后一个非常重要的环节。应急预案经过评审发布后,应急预案管理部门应该开展应急预案的宣传、教育培训工作,开展应急演练和训练,从中分析问题并加以改进,提高预案的科学性、合理性、完备性与可操作性。

(四)水电工程施工事故预案编制的层次

水电工程大多地处高山峡谷地带,受地质条件影响大,加之水电工程施工作业的立体交叉作业多,多标段同时作业,从业人员素质参差不齐等特点,导致水电工程施工容易出现各类安全事故。为了在重大事故发生后能及时采取措施并加以控制,防止事故的蔓延,有效地开展抢险和救助工作,水电工程应结合施工作业的特点,对作业现场易发生重大事故的环节和部位进行重点监控,制定安全生产事故的应急救援预案。水电工程企业应遵循"以防为主,防救结合"的原则,根据安全生产法的基本要求,立足水电工程企业应急管理的基础和现状,在务求应急救援预案适应性、可操作性和实效性的前提下,制定应急求援预案。除此之外,水电工程不仅要制定重大安全生产事故、消防等应急专项处理预案,而且应有针对某个事故现场的应急处理预案,保证各类预案之间的层次性和协调性,实现共性与个性、通用性与特殊性的结合[196]。事故应急预案的层次如图 6-4 所示。

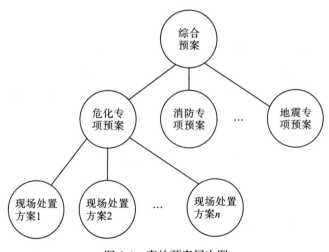

图 6-4　事故预案层次图

具体地讲,某一水电工程建设单位应在法律及地方行政法规的要求下,制定多个层次的应急预案。以锦屏工程为例,工程建设单位建立了五个层次的应急预案:总体应急预案、社会安全事件应急预案、公共卫生事件应急预案、自然灾害应急预案、事故灾难应急预案。

社会安全事件应急预案包括锦屏工程社会安全事件应急救援预案、锦屏工程突发群体性事件应急预案、锦屏工程重大活动警卫与交通保障应急预案。

公共卫生事件应急预案包括锦屏工程突发公共卫生事件应急救援预案、锦屏电站工地医院突发公共卫生事件应急预案。

自然灾害应急预案包括锦屏工程自然灾害应急救援预案、锦屏工程地震灾害应急救援预案、锦屏工程森林防火应急救援预案、锦屏水电工程 2008 年防汛预案、S215 省道九江路段交通中断应急预案、九江公路中断期间水泥（钢筋）应急供应方案、S215 线中断期间油料运送供应应急预案、九江路段交通中断期间火工材料供应应急预案、S215 线中断期间后勤及医疗保障组应急预案、S215 线中断期间治安稳定组应急预案、锦屏管理局对外公路中断车辆应急保障方案。

事故灾难应急预案包括锦屏工程重特大事故应急救援预案、锦屏工程爆破爆炸事故应急救援预案、锦屏工程洞室开挖岩爆涌水应急救援预案、锦屏工程坍塌事故应急救援预案、锦屏工程电网电力事故应急救援预案、锦屏工程机械设备事故应急救援预案、锦屏工程危化品泄漏事故应急救援预案、锦屏工程环境污染及生态破坏事件应急救援预案、锦屏工程火灾应急救援预案、锦屏工程施工区交通事故应急救援预案、锦屏工程爆破器材储存运输紧急事件应急预案。

二、水电工程施工事故应急预案的演练与评估

1. 水电工程施工事故应急预案的演练

演练是对事故发生时保障预案实施效果的一种手段。只有对预案进行深入广泛的培训和演练，才能真正发挥出预案应有的效果。通过培训演练，可以提高应急救援人员的救援能力、团队协作能力、人员之间的沟通能力，同时还可以进一步修改事故应急预案，增强预案的有效性和可操作性。

应急预案的演练是按照一定程序开展的救援模拟行为。演练时可根据需要选择不同的演练方式，常见的演练方式有单项演练、组合演练和综合演练三种。演练的基本要求是必须遵守相关法律法规、标准及公司的相关规定，预案主管部门科学计划，精心组织，结合实际，突出重点，由浅入深，分步实施，坚持安全第一的原则，尽可能将工程施工的影响降低到最低程度。演练时主要关注以下内容：①应急组织是否有效，应急救援人员是否履行了各自的职责；②预案能否有效地付诸实施；③预案在意外情况发生时的适应性和动态调整能力；④应急物资能否满足应急救援需要，应急物资的储备和分布是否合理；⑤应急救援人员的救援能力能否达到要求；⑥各部门、各救援人员之间沟通是否通畅；⑦应急救援启动是否及时；⑧应急预案是否存在修改和完善的地方。

2. 水电工程施工事故应急预案的评估

演练是通过实战或虚拟的模拟来检验预案的有效性和适应性，也是评估的一部分。预案评估是指对指定的预案的科学性和可操作性进行评价，其目的是在评估中发现问题，在总结中提出改进计划，促进预案的完备性、适应性、适用性、有效性的提高。

应急预案评估的主体众多，既可以是水电工程施工专家、水电工程安全管理专家，又可以是水电工程施工一线人员、应急管理人员、应急救助人员，还可以是受灾人员及外单位协助人员等。

应急预案评估的角度多种多样。例如，既可以从应急预案的内容的角度进行评估，主要用定性或定量的方法评估预案内容的完整性、操作的可行性、逻辑的严密性及法制的符合性，又可以从应急预案的层次和类型的角度进行评估，主要评估预案是否符合该层次或类型预案的要求及预案能否达到的预期效果。

应急预案评估的方法既可以是定性的，又可以是定量的。定性的方法可采取专家打分法，定量的方法可采取层次分析法、模糊综合评价法、综合指数法、最优距离法、多元统计法等[197]。几种常见方法的比较如表 6-1 所示。

表 6-1　不同评估方法比较

方法名称	应用方式		优劣比较
	定性分析	定量分析	
专家打分法	√		通过匿名方式征询有关专家的意见，对专家意见进行统计、处理、分析和归纳，客观地综合多数专家经验与主观判断，对大量难以采用技术方法进行定量分析的因素作出合理估算。选择的专家应当熟悉水电工程应急管理，有较高的权威性和代表性，人数应当适当
层次分析法		√	简单、实用，对数据的要求不高；能够统一处理决策中的定性与定量因素，能检测评判结果的正确性，可靠性高。层次分析法内在存在缺陷：构造的判断矩阵很难满足一致性检验，需要进行烦琐的调整和修正。对两个评价因素之间的重要程度是用 1~9 数值及其倒数进行标度的，在实际应用中过于夸大两者之间的重要性关系，在解决模糊问题时，也显得过于武断。
模糊综合评价法		√	解决模糊性和不确定性问题具有很强的优越性，对多层次、多因素的复杂问题评判效果比较好。在综合评判的过程中自然解决指标的可综合性问题，不用专门的指标无量纲化处理，但是评价过程大量应用了人的主观判断来确定各因素的权重，主观性很强

演练是一种很好的评估预案的方法，但是演练需要消耗大量人力、物力、财力，成本比较高，不能经常进行，而专家评估则成本相对较低。因此，在水电工程施工事故预案评估时，应将演练和专家评估两种方法有效结合起来，相互补充，发现预案存在的问题，促进预案的进一步完善。

本 章 小 结

　　遵循系统理论的投入—转换—产出的基本思路，根据水电工程安全管理的需求，提炼了"四危四护一标准"和"预控管理六循环"的预控方法，具体分析了"四危四护一标准"的组成要素，并给出了预控管理六项循环的机制；结合全新的预警内涵，总结了水电工程施工预控管理的内容，从完善水电工程施工安全生产管理体制和完善水电工程施工安全生产管理法律法规体系两个方面探讨了水电工程施工事故的宏观预控管理，通过对人、物、环境的一级管理调节和二级管理调节加强水电工程施工事故的微观预控管理；最后针对水电工程施工过程中的各类应急预案，阐述了水电工程施工事故预案编制的要素、原则、流程、演练与评估。

第七章　水电工程施工事故预警管理的计算机实现

随着信息技术的不断发展，社会生产活动的信息化进程日益加快，施工安全管理的信息化进程尤为明显，也极为迫切。针对水电工程点多面广、风险因素多而复杂的特点，在现有软硬件的基础上建立统一、一体化的预警管理平台体系，已成为深化贯彻水电工程施工安全管理"安全第一，预防为主，综合治理"方针的必然选择。

在数字水利系统的建设中，相关部门通过数字摄像、测量、遥感、地理信息系统(GIS)、全球定位系统(GPS)等方式来实现数据的采集，通过光缆、卫星、微波等传输方式将数据进行处理、存储和利用，从而建立一个覆盖整个流域的信息化系统，本书论述的水电工程施工事故预警系统正是数字水利的重要组成部分，也是近期数字水利系统建设中的热点和亮点。

第一节　水电工程施工事故预警管理系统架构

通过水电工程施工事故预警管理系统，提供全面、准确的各类水电工程施工事故信息，为实现预警管理规范化、科学化、信息化提供了现代化手段，对水电工程施工中的作业人员、施工现场、设备设施等实行动态自动化采集与管理，对施工危险隐患进行全过程实时监控，通过深度挖掘和汇总分析，输出水电工程施工系统状态，并能自动匹配科学预控方案，为水电工程施工事故预警管理决策提供支持。

水电工程施工事故预警管理系统能够提高预警管理工作效率和预警管理主动性，促进预警管理工作的科学化和规范化。在实现预警管理数据自动化采集、风险因素实时监控后，能有效地进行工程监督管理，使整个行业内事故的预测预报成为可能，这将提高我国水电工程施工行业的安全管理水平，促进安全文明生产，降低伤亡事故率，具有较大的社会效益和经济效益。

一、预警管理信息系统分析

随着水电工程施工事故预警管理工作的逐步开展，预警管理的内涵也在逐步扩展。预警管理与应急管理、危机管理的有效结合已成为水电工程施工安全管理发展的趋势。本书构建的预警管理信息系统，根据广义的预警管理定义，扩展了水电工程施工事故预警管理的内涵，既包括传统预警管理内容，又涵盖了水电工程施工事故的应急管理与危机管理内容。该预警管理信息系统遵循预警信息采集→预警信息分析→监测反馈分析→预测预警的工作流程进行预测与预警。首先该系统通过 GPS、GIS、微地震、滑动测微计、光纤变形等监测新技术获得海量预测预警数据；接着对海量的预测预警数据进行预警信息分析；然后根据分析的结果进行相应的预测与预警，同时预警信息分析、监测反馈、预测预警组成了一个闭合的环路。该系统可以通过监测反馈环节不断更新预测预警信息，使得预测预警信息更加准确、及时。在下面的业务流程图中也存在反馈环节，具体业务流程图如图 7-1 所示。

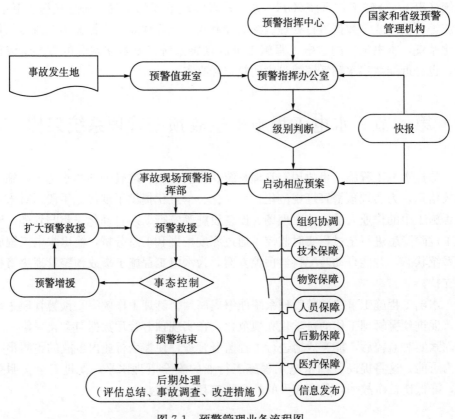

图 7-1 预警管理业务流程图

根据业务流程图可以得到如下的数据流程图，如图 7-2 所示。

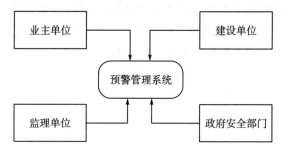

图 7-2　预警管理顶层数据流程图

由于预警管理信息系统十分复杂，本书仅对第一层数据流图展开分析，如图 7-3 所示。

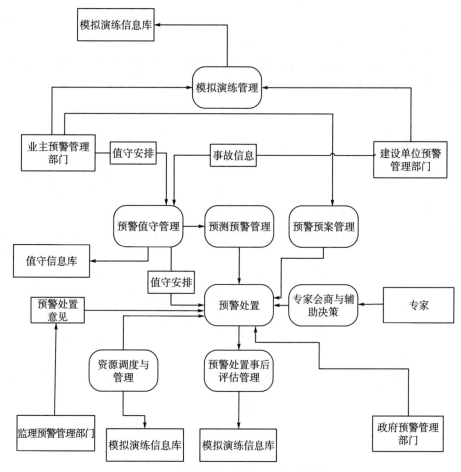

图 7-3　预警管理系统第一层数据流图

预警管理信息系统实现与现有系统的集成，能满足大型水电开发企业对水电工程施工事故预警管理的需求，系统支持水电工程施工事故的信息报告与发布、预警预案管理、综合业务管理、监测防控、预测预警、智能方案、指挥调度、预警保障、预警评估、模拟演练等预警工作。具体功能如下。

(1)监测预控水电工程重大危险源和关键目标的风险隐患。

(2)随时查询包括救援队伍、预警储备物资和救援装备、预警通信系统、医疗急救机构、预警资金储备等信息。

(3)快捷畅通地接收和管理水电工程施工事故报送信息，对水电工程施工风险因素实施动态跟踪，自动实现状态更新信息的序列存储和比对，直观地了解水电工程施工事故的演变过程；

(4)利用灾情现场数据、灾害发展趋势和处置知识提供决策支持。

(5)召开视频会议并实现与水电工程施工事故现场互动会商。

(6)通过对水电工程应急预案进行模拟演练，并在计算机网络上进行预警响应各个环节的推演，实现应急预案演练与培训。

(7)向预警相关机构和人员、政府预警部门以及公众发布经过审批的水电工程施工事故预警信息、事件信息、处置信息、公众防范信息、公众培训信息等，对应急预案、现场处置方案等进行管理。

二、预警管理信息系统架构

通过对预警管理信息系统的分析，预警管理信息系统的架构设计遵循平台化、组件化的设计思想，采用统一的数据交换、统一的接口标准、统一的安全保障，采纳基于多层架构模型和 MVC(Model-View-Controller)模式，搭建松散耦合，易于复用、可扩展性强，除了方便软件开发的组织和实施外，还便于日后系统的维护和扩展。MVC 模式中，模型组件封装了内核数据和功能，从而使核心的功能独立于输出表示和输入方式，视图组件从模型获得信息并向用户展示，控制器组件与唯一的一个视图组件连接，接受用户的输入。通过模型、视图和控制器的相互分离，应用框架设计的预警管理信息系统可以十分灵活地适应用户多变的功能界面要求。

系统由下到上分为三层主框架：数据层、业务层(分为应用支撑层与应用层)及表现层(分为用户层与展示层)。系统总体架构如图 7-4 所示。

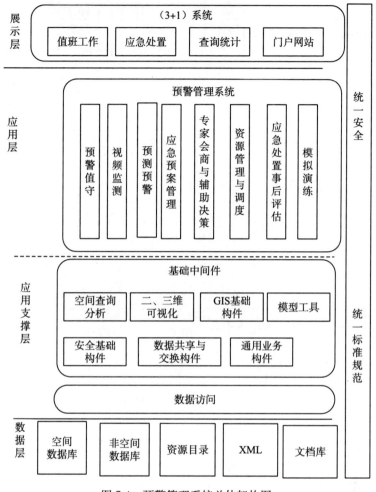

图 7-4 预警管理系统总体架构图

第二节 水电工程施工事故预警管理系统功能模块

根据水电工程施工事故预警管理系统的需求分析，预警管理系统功能模块（图 7-5）可划分为：预警值守模块、视频监测模块、预测预警模块、应急预案管理模块、专家会商与辅助决策模块、资源管理与调度模块、应急处置事后评估模块、模拟演练模块。

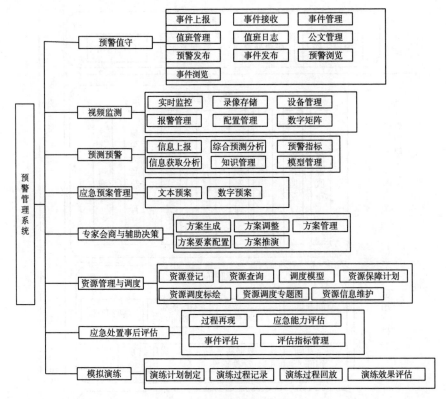

图 7-5 总体功能结构图

一、预警值守

预警值守模块用于各企业和各相关部门上报本公司或本部门发生的水电工程施工事故，接收各相关部门和二级单位上报的水电工程施工事故并审核。实现企业针对同一事件，综合来源不同的多条上报信息形成事件信息。实现企业管理本单位日常值班排班、值班记录以及来往公文。

1)事件上报

各相关部门和二级单位及时将本部门或本区域发生的较大、重大、特别重大水电工程施工事故上报至企业，或进一步续报水电工程施工事故事态进展和救援情况，以及重报企业审核不符合要求的水电工程施工事故信息。报送信息可以以多种形式，如文字形式、图片形式和音、视频形式等。

2)事件接收

企业接收各相关部门和各二级单位上报的水电工程施工事故，根据相关预案规定对水电工程施工事故级别以及内容格式等进行审核。对于不符合要求的退回给上报单位，要求重报；对于符合要求的，及时编制报告，报请相关主要领导。

3）事件管理

针对同一事件，企业将来自相关部门和二级单位的多条上报信息进行综合，编辑形成关于该事件的事件信息，后续分析均是针对此信息进行的。同时，企业可以浏览上报的所有事件信息，对这些事件可按照类别、级别、区域等要素进行统计分析。

4）值班管理

编制本单位的值班表，并统计工作人员每月的值班情况。

5）值班日志

值班人员每天记录当天值班情况以及重要信息，以便接班人员对上个班次的主要情况和遗留的重要问题一目了然。

6）公文管理

接收、整理来自各部门和各二级单位的外部公文，以及本单位向上述单位发出的公文，便于日后检索、调阅。

7）预警发布

对审核通过的各相关部门的各类水电工程施工事故预警信息进行发布编辑，通过门户网站向社会公众发布，并对发布的预警信息进行维护，以及及时删除预警结束的预警信息。

8）事件发布

及时对水电工程施工事故发生、发展以及救援情况进行编辑，通过门户网站向社会公众发布，并对发布的事件信息进行维护，以便社会公众可以及时了解到水电工程施工事故事态的最新进展。

9）预警浏览

社会公众通过互联网访问预警办门户网站，查阅企业发布的各类预警信息及其详细内容。

10）事件浏览

普通职员通过互联网访问企业门户网站，查阅企业发布的水电工程施工事故的发生、发展和救援进展等相关信息及其详细内容。

二、视频监测

图像接入模块展现监控点的数据、语音和图像，将水电工程施工事故现场采集的视频数据通过互联网或专网远程传输系统传送到监控中心，方便指挥机关和领导能在指挥中心监控终端直接观看现场情况，及时了解重大水电工程施工事故现场实况，进行应急指挥，提高快速反应能力。

本模块应用支撑平台图像接入和监控，与地理信息系统以及其他模块进行联动，为其他应用模块提供视频资源，并实现图像的存储管理、报警管理等功能，

包含了实时监控、录像存储管理、设备管理、报警管理、配置管理、数字矩阵等
功能。

三、预测预警

预测预警是预测预警模块的核心功能，主要是在某水电工程施工事件发生之
前，根据下一级用户报送的信息或者仪器采集到的视频、音频、数据等信息，结
合相应的配置数据，对防护目标、危险源、风险隐患、施工事故等作出比较精确
的预测，以科学的方式为建设单位的预警决策提供必要的数据支持。

预测预警主要包括综合预测与专业预测两个方面。综合预测是指对某一事件
作预测的关键数据是事件类型，系统接到报送的事件后就可以获取它的事件类
型，程序将根据其事件类型在相应的参数管理表中查找相应的防护目标、危险源
以及 GIS 数据等。通过 GIS 返回的地理数据经过程序处理之后就得到预测结果。
针对每一条事件信息，可以进行多次预测，并且是多次不同类型的预测。

专业预测预警事件发生后，系统可以为领导决策提出有效支持，成为工作重
点。从信息源采集回数据之后，由预警管理系统统一展示。这样，一方面，可以
确保信息的及时、准确；另一方面，便于领导全面了解事件发展状况及各相关部
门所提专业意见。

四、应急预案管理

预案管理采用人机交互模式，采用结构化思想，实现预案结构化录入、备案
管理等功能。应急预案按内容可分为预案基本信息和预案本体两部分，预案本体
按组织形式又可分为文本预案、结构化预案两种。应急预案管理模块实现应急办
编制应急预案，将文本预案结构化形成数字预案，并对文本预案、数字预案进行
查询、维护等。

1）文本预案管理

水电工程建设单位增加、删除、修改各级各类应急预案，维护的内容包括：
预案描述信息和预案详细内容。水电工程建设单位可根据应急需要，对现有应急
预案版本进行管理，并对预案编制过程的各环节进行管理。

2）数字预案管理

数字预案在深入分析各种水电工程施工事故应急文本预案内容的基础上，采
用结构化的思想，将预案的各个关键部分拆分后，存入数据库，实现预案的结构
化录入、快速查询和高效应用，为水电工程施工安全提供应急服务和灵活方便的
工具支持。数字预案克服了文本预案单调、烦琐、实用性差的缺点，补充和发展
文本预案平战结合的特点。数字预案的一个最大特点就是能够及时快速查询到预

案中的关键要素。例如，针对爆炸事故，根据事件类型预案模块能够快速关联到相关预案，并提取出其中的关键要素信息，如负责事件组织指挥的领导信息，领导的姓名、职位、电话等。数字预案管理的主要功能如下。

（1）数字预案编辑。

提供编辑界面，将文本预案拆分成基本信息、组织机构、应对与响应、相关救援力量、相关救援物资几个部分录入模块。

（2）数字预案查询。

根据预案名称、类型等关键字查询数字预案，并显示预案的各个关键要素，如预案中规定的负责组织指挥的领导信息，负责救援的救援力量信息等。

五、专家会商与辅助决策

专家会商与辅助决策模块主要是综合事件信息、事件周边信息、领导批示、专家意见、事件相关的应急预案、事件相关的应急知识、相关法律法规、相关的应急案例、辅助模型分析结果以及其他模块产生的信息，如应急资源管理与调度模块产生的调度方案、态势图等，生成事件处置方案，以便下发到各任务执行单位。

1）方案生成

智能方案生成包括的功能有：①获取和查询与事件有关的信息；②对预测预警分析结果与获取的有关信息进行综合分析和研判；③根据相关预案、事件类型和级别、分析和研判结果、周围环境信息、应急处置力量和其他应急资源等，确定应急方案的要素（如事件接报信息、周围环境信息、处置流程、组织机构、处置措施、应急保障、善后恢复等）；④根据所确定的应急方案要素，自动或人机交互的方式生成各项要素的内容，组成应急方案；⑤结合领导和专家的知识和经验，输出处置方案，供领导决策时参考采用。

2）方案调整

根据事件现场应急反馈的信息、专业部门新的预测分析和综合预测分析结果、事件发展趋势、应急方案跟踪执行的效果评估结果等，对前面生成的智能方案进行调整。方案调整就是在事件不断进展、资源条件不断变化的情况下，不断评估各方案模型、消解各方案模型的冲突、调整方案、优化力量调度，从而较好地决策处理好事件。

3）方案管理

方案管理提供对生成方案的维护功能，包括方案的增加、查询、统计等。

4）方案要素配置

专家会商与辅助决策模块根据内置模板，自动生成处置方案，但是用户可以根据应急需要，调整各种要素。模块内置模板的方案要素主要包括：报送信息，如事件的接报信息汇总，专业部门报送的应急行动方案；领导批示即领导作出的决策或批示；专家建议即专家的专业意见和建议；周围环境，如事发地周边的重大危险源、重点防护目标、关键基础设施等；预测信息；保障资源；应急处置的组织机构；事件处置流程；应急响应；救援力量部署；善后处置；以及相关的预案、法律、案例、知识等。

5）方案推演

方案推演包括虚拟场景构建、方案虚拟执行等功能。场景构建基于地理信息系统二、三维可视化或虚拟现实技术，对方案执行的现实环境进行建模。通过方案虚拟执行，动态展示方案实施的效果，并给出各种重要的评估结果，如需要的处置时间、可能的人员伤亡、经济财产损失情况等，指导方案优选和调整。

六、资源管理与调度

资源管理与调度为水电工程施工事故进行全面协调、处理等预警工作提供基本保障，是对水电工程施工事故的应急避难场所、应急财力资源、应急机构、应急人力资源、应急物资保障资源、应急通信、运输资源、医疗卫生等资源的管理提供对应急资源的优化调配方案。在总体预案的指导下，满足应急救援工作的需要和灾区群众的基本生活，促进恢复重建工作的顺利进行。

资源管理与调度包括资源登记、资源查询、调度模型、资源调度标绘、资源调度专题图、资源信息维护、资源保障计划七个方面。

七、应急处置事后评估

应急处置事后评估是为了记录预警事件的响应过程，按照预警预案等相关规定，再现预警过程，对水电工程施工事故、组织的预警能力进行综合评估，形成预警能力评估报告。

建立水电工程施工事故预警响应评估系统，可进一步提高预警现场处置建设能力和预警现场处置的指挥调度、监测的能力，使得在水电工程施工事故预警处理的监测预警、决策支持、指挥调度、现场处置和后期评估能力得到提高。

八、模拟演练

预警模拟演练模块主要是针对预案规定，实现演练计划制定、演练计划过程记录、演练回放、评估总结等功能。通过对各类水电工程施工事故场景进行模拟，分析事态，提出应对策略，进行模拟演练，并能够自动记录演练过程，对演练效果进行评价。本模块根据接报的各类信息进行处理和定位，事件场景周边情况描述，通过影、音、图、文、表等多媒体手段向预警处置指挥部门提供关于事件发展的及时、准确、详细的客观情况，对拟定的多种处置方案，在最优化决策理论支撑下制定出预警处置方案。

演练计划制定包含新建演练计划，按预案准备配置分组参数等。

演练过程记录即模拟演练过程中，对各阶段场景的演练全程进行录像、拍照、记录，供演练后的回放和演练回顾评估总结用。

演练过程回放即把演练过程的记录进行回放，以便发现问题，从而在事件还没有真正发生前改进它，提高各类人员的预警处理能力。这里的演练过程记录包括文字信息、图片信息、视频信息。

演练效果评估内容包括演练效率评估、演练效果评估、模拟演练报告。

第三节　水电工程施工事故预警管理系统对策库

一个完备的对策库对于预警管理信息系统的正常运行起着非常重要的作用。预警管理信息系统的对策库包括基础信息数据库、空间信息数据库、事件信息数据库、预案库、案例库、模型库、知识库和文档库等。数据和信息集中存储于预警管理信息系统数据库中，水电工程建设单位信息中心负责维护系统和数据的更新，具体数据存储关系如图 7-6 所示。

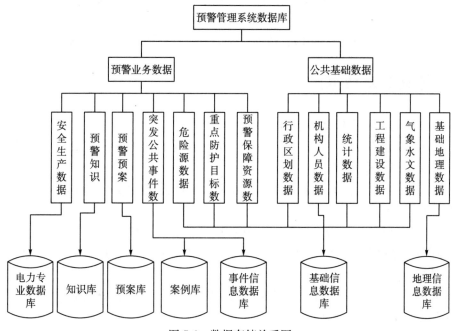

图 7-6　数据存储关系图

数据库建设的主要内容如下。

(1)空间信息数据。主要包括 1∶100 万 DLG、1∶25 万 DLG 等地理信息数据。

1∶100 万 DLG 数据包含如下要素：①水系数据(包括面状水系要素、线状水系要素、点状水系要素)；②居民地数据(包括面状居民地要素、点状居民地要素)；③境界数据(包括省级政区面要素、地区级政区面要素、县级政区面要素、线状行政界面要素)；④交通数据(线状公路要素(省道、国道)、线状铁路要素)。

1∶25 万 DLG 数据包括如下要素：①水系数据(包括面状水系要素、线状水系要素、点状水系要素)；②居民地数据(包括面状居民地要素、点状居民地要素)；③境界数据(包括省级政区面要素、地区级政区面要素、县级政区面要素、线状行政界面要素)；④地形地貌数据(包括线状地形要素、点状地形要素)；⑤交通数据(线状公路要素(省道、国道)、线状铁路要素)。

(2)基础信息数据。主要包括预警资源、重点防护目标、危险源、物资设备、人口、经济等基础数据。预警资源包括建设单位内专业救援队、专家信息、公安武警、消防等信息。重点防护目标是建设单位比较关注的重大目标。危险源是建设单位里比较关注的危险源，主要包括地质灾害风险区、地震灾害风险区、生产安全危险源等。人口是建设单位建设工程所在流域人口数据，要求到县级。经济是建设单位建设工程所在流域经济数据，要求到县级。

(3)预警预案信息。主要包括综合预警预案、专项预警预案、现场处置方案等。预案库要与上下级预案库相对接。预案库的建设依赖于建设单位、施工单位、监理单位等预案数据的到位情况。

在所有对策库中，基础信息数据库尤为重要，是预警管理的基础环节。

一、基础信息数据库

基础信息数据库包括如下内容。

(1)预警指挥机构。预警指挥机构主要包括预警指挥中心、二级单位预警机构的相关信息及联系方式等。

(2)预警财力。预警财力保障主要包括预警救援资金的储备情况、预警救援募捐机构等。

(3)预警通信。预警通信主要包括各级预警通信保障管理机构的联系方式、预警通信网络(包括公网、专网等)、有线或无线基站、卫星通信网络、广播电视台等信息。

(4)预警运输。预警管理信息系统数据库存储预警运输保障相关信息，包括大型运输工具的基础信息。

(5)预警医疗卫生。预警医疗卫生保障主要包括工程所在地附近医院和医疗急救中心等。

（6）重大危险源。重大危险源主要存储重大的危险品及存储场所的信息。

（7）重要防护目标。重点保护目标包含梯调中心、水库大坝、地下厂房、发电机组等关键基础设施。

（8）救援队伍。预警救援队伍主要包括队伍类型、主要职责、所属单位、规模、分布位置、联系方式等。

（9）预警物资。预警救援物资包括粮油、救灾帐篷、沙袋、潜水服、衣被、净水设备（药品）等救灾物资，以及预警救援车辆、设备等。在事故预警管理工作中，需完善参建单位现有救灾储备物资和储备库规划，分级、分类管理储备救灾物资和储备库。预警救援物资保障主要包括粮棉油库、医疗物资、预警救援特种物资的储备场所。重要救援物资生产供应企业，通过建立救助物资生产企业名录，必要时签订救灾物资紧急购销协议来保障预警教授资输入[198]。

（10）专家。预警专家包括"行政专家"和"业内专家"，指的是在其专业领域或者预警领域具有丰富经验、知识及技能的人。专家信息主要包括姓名、所属部门、所属领域、职称、专业经验、联系方式等，由企业、二级单位和部门报送。专家的专业领域主要涉及水利、卫生、环保、安监、林业、地震、气象和海事等。

二、空间信息数据库

空间信息数据库是 GPS、GIS 等系统充分发挥作用的基本保障，没有空间数据库的支持，GPS、GIS 就失去了作用。预警管理系统空间信息数据主要指用于预警资源地理参考的基础空间地理信息，包括数字地图、遥感影像、主要路网管网、避难场所分布图和风险图、自然地理信息中的地貌、水系、植被以及社会地理信息中的居民地、交通、境界、特殊地物、地名等要素，以及相关的描述性元数据等内容。空间信息的承载形式主要有以下几种类型：以矢量形式存储的数字线划图（DLG）；专门用于表达地形起伏的数字高程模型数据（DEM）；以栅格形式存储的航空航天影像数据（DOM）；地名数据；空间元数据；矢量数字地形数据（DLG）。

矢量数字地形数据是将国家基本比例尺地形图上各类要素，包括水系、境界、交通、居民地、地形、植被等按照一定的规则分层，按照标准分类编码，对各要素的空间位置、属性信息及相互间空间关系等数据进行采集、编辑，处理建成的数据库。在预警管理信息系统中矢量地理数据主要包括 1∶100 万、1∶25 万、1∶5 万、1∶1 万等四级比例尺。

三、事件信息数据库

事件信息主要存放预警接报处置业务中最核心的数据内容，预警管理信息系统的建立必须建立在以下数据基础上，可根据自身实际情况和需求添加数据内容，灵活处理。

(1)水电工程施工事故接报信息水电工程施工事故的主要内容包括事件编号、事件名称、事件类型、事件等级、事件发生时间、事件发生地点、事件起因、基本过程、损失情况、前期处置、拟采取措施、协调需求、附件、报送人员、报送机构、报送时间、报送方式、接收人员、接收机构、主管部门、预警联系方式、预警加注等。如果报送的信息不完整，则注明当前掌握的实际情况以及困难和需求。

(2)部门预测预警信息。预警发布的主要内容包括事件编号、事件类别、预警级别、预警主题、生效时间、结束时间、可能影响范围、警示事项、建议采取的预防对策、发布时间、发布机构、发布对象、附件等。

(3)风险隐患监测信息。风险隐患监测数据是指在事发地点及周围由传感器采集，通过网络直接传输到预警管理信息系统的数据、图片、音频或视频资料。由于音频、视频文件一般会占据较多的存储容量，建议不要将此类资料直接作为对象放入数据库，而是采用文件形式存储，需要的时候再读取文件调用。

风险隐患监测数据的主要内容包括事件编号、监测文件编号、监测时间、监测地点、监测文件标题、监测文件类型、监测文件关键字、监测文件存储路径、监测数据来源、监测文件制作机构、制作人员、接收人员、接收机构等。

(4)事件现场监控信息。主要包括电话录音和监控录像。电话录音功能是对值班电话进行自动录音，并且记录相关信息，需要时可以随时查阅。

电话录音的主要内容包括录音编号、呼叫时间(电话铃响起时间)、通话开始时间(拿起话筒时间)、通话结束时间(放下话筒时间)、呼叫类型、结束原因(如异常中断等)、主叫号码、被叫号码、录音文件等。

监控录像功能是预警管理信息系统应对发生预警情况的监控音、视频来源进行自动存储，并且记录相关信息。需要时可以随时查阅。监控录像的主要内容包括录像编号、录像时间长度、录像开始时间、录像结束时间、录像类型、结束原因(如异常中断等)、录像机构、录像地点、关键字、录像文件等。

(5)指挥协调过程信息。主要包括会商记录、事件处置信息、应对方案、报告审核、跟踪与反馈等。

其中，会商的主要内容包括事件编号、会商编号、会商主题、会商关键词、会商主持人、会商主持机构、会商参与机构、会商开始时间、会商结束时间、会商记录内容、会商决议、附件(会商资料，图片以及音视频文件)等。

事件处置的主要内容包括事件编号、处置编号、下达时间、下达方式、处置范围、处置标题、处置内容、附件、下达机构、下达领导、接收人员、接收机构等。

应对方案的主要内容包括事件编号、方案编号、方案名称、方案内容、来源预案编号、方案类型(如果是草案，则方案可能会进行调整，公布下达后才是正式应对方案)、方案执行时间、方案执行机构、方案执行效果等。

报告审核的主要内容包括事件编号、报告审核编号、审核意见、审核时间、审核机构、审核领导等。

跟踪与反馈的主要内容包括事件编号、事件反馈编号、事件反馈类别、事件反馈标题、事件反馈内容、附件、报送时间、报告制作机构、报送人员、接收人员、接收机构等。

四、预案库

预案是预警管理系统的核心内容，从预案的形式上可以分为文本预案与数字预案两种。

(1)文本预案。文本预案的数据实体内容适用于所有级别平台。主要包括预案版本、文本预案、预案级别、预案类型、相关预案等。

预案版本存储文本预案和数字预案的版本修改记录，版本号信息。其主要内容包括预案编号、版本号、修订时间、制定机构、修改机构、使用标志等。

文本预案存储文本预案的具体文本内容，适用于所有级别平台。其主要内容包括预案编号、版本号、预案级别、预案名称、关键字、制定时间、废止标记、预案内容、备注等。如果文本预案内容过于繁多，还可以建立文本预案摘要表或者索引，存储文本预案的查询信息，起到加速预案查询索引的作用。其主要内容包括预案编号、预案级别、预案名称、关键字、制定时间、废止标记等。

预案级别作为数据字典存储预案分级标准用于标记严重程度，适用于所有级别平台。按照所针对预警事件的性质、严重程度、可控性和影响范围等因素，一般分为四级：Ⅰ级(特别重大)、Ⅱ级(重大)、Ⅲ级(较大)和Ⅳ级(一般)等。其主要内容包括级别编号、级别编码、级别名称、备注等。

预案类型作为数据字典存储预案分类标准用于不同类型的预案，适用于所有级别平台。预案类型还包括专项预警预案，一般包含自然灾害救助预警预案、防汛抗旱预警预案、地震预警预案、突发地质灾害预警预案等。其主要内容包括类型编号，类型编码、类型名称、相关机构、备注等。

每一类型水电工程施工事故都应预先指定一些预案作为预警处置参照，便于检索。其主要内容包括编号、水电工程施工事故分类代码、预案编号(包含文本预案和数字预案)、预案类型、预案级别、使用标志、备注等。

（2）数字预案。预案库采用知识库管理技术实现预案的数字化，并能够实现共享。数字预案是对文本预案中的救援组织、救援队伍、程序步骤、措施、职责、协调等方面进行结构化处理后，集成与预案有关的地理信息、预警相关信息、模拟预测模型、预警业务流程等，根据不同水电工程施工事故的特点和对应的文本预案，进行预案的结构化存储和管理，形成的可程序化执行预案。主要包括指标类型、预案相关领导、各阶段指挥成员等。

指标类型是指预警处置、救援过程中，随着事件态势的变化发展，需要执行特定阶段的预案，指标实体描述了划分预案阶段的具体衡量指标。适用于所有级别平台。其主要内容包括指标编号、所属预案编号、指标名称、计量单位、指标类型、备注等。

预案相关领导是指启动该预案涉及的领导成员。其主要内容包括预案编号、领导编号、相关机构等。

各阶段指挥成员是指预案在不同处置阶段的指挥人员会有所变化，其主要内容包括预案编号、阶段编号、领导编号、相关机构等。

五、其他各种类型数据库

除了以上各种类型信息库外，还包括一些其他类型的信息库。

（1）案例库。案例库主要包括案例教材、案例信息、案例业务过程、案例经验、案例审核、案例应用、案例改进等。

案例教材是指一个案例通常包括两部分：制品与特征（属性）。制品中保存着人可理解的知识，是显示化的知识，包括网页、会议记录、文档、声音、图像等。制品可以是无结构或者有结构的，但是，绝大部分的制品是以自然语言记录的、无结构或者半结构的文本。一个案例中可以包含零个或者多个制品。其主要内容包括案例编号、制品编号、分类编码、采集时间、数据来源、来源类型、素材内容、可信度等。

案例信息记录了案例的主要内容，包括案例编号、案例类型、案例等级、关键词、主题词、案例标题、案例时间、案例地点、案例起因、死亡人数、重伤人数、轻伤人数、经济损失、案例摘要、综合评价（记录了案例的成熟度）等。

案例业务过程记录了突发水电工程施工事故处理过程中的重要信息，一个案例可以存在多个业务过程。包括案例编号、业务编号、问题描述（可用理解为事件发展态势）、解决方案（决策或现场处置情况）、实施结果等。

案例经验记录了案例中最值得注意的成功之处或失败之处。主要包括案例编号、经验编号、经验描述、原因说明等。

案例审核记录对案例进行审核的信息，包括审核编号、案例编号、审核意见、审核人、审核时间等。

案例应用记录了案例的应用情况及评分，包括案例编号、应用编号、事件编号、应用时间、应用机构、应用说明、应用评价、应用评分等。

案例改进主要记录案例应用中对案例的建议。一次应用可能对应多个改进，包括案例编号、应用编号、改进编号、改进内容、改进原因等。

(2)案例扩展信息库。案例扩展信息是指案例除基本信息以外的、不具有普遍共性的特征数据，通常与水电工程施工事故的类型相关，扩展信息可以分为多级。在此建议采用直接与事件大类、小类或细类挂钩，一个案例只包括一个案例扩展信息。

案例库可建立多个案例扩展信息表，如山洪、滑坡案例扩展信息等。

(3)模型库。模型实体按照统一的技术标准进行开发，可独立运行或以 Web Service 接口封装，独立运行的模型具有标准的输入输出数据格式定义。模型库包括模型实体和模型目录、模型元数据以及模型参数等。

模型实体和模型目录用于模型的管理，记录模型库中所有的组合模型及其子模型。其主要内容包括节点编号、模型编号、父节点编号、层次级别、描述信息等。

模型元数据包含描述模型的使用范围、限制条件和使用说明等主要属性，记录模型的一些基本信息。其主要内容包括模型编号、模型名称、关键词、理论依据、适用范围、限制条件、使用说明、开发单位、负责人、联系方式等。

模型参数用于描述各种模型的接口方式和输入输出参数要求，对模型(包括子模型)的数据模式结构进行描述。其主要内容包括模型编号、参数名称、参数说明、参数类型、字段长度、小数位、单位、数据项约束、属性域、计算处理方法等。

模型链记录了组合模型中的同一级字节点的关系，包括星型、串型、混合型、隐蔽型。如果是星型，则所有子节点之间是并列关系，没有先后关系；如果是串型，则所有子节点之间存在一定顺序；如果是混合型，则同时存在以上两种类型；隐蔽型则表示各节点关联关系是隐蔽的，需要进行特殊处理，如编写特定的连接处理程序。其主要内容包括模型子节点编号、关联子节点编号(这里指前一个子节点，如果是星型，则为其父节点，如果是隐蔽型，则另外标识)、关联关系说明、约束关系、控制处理方式等。

模型辨识是指预警管理信息系统中，模型库的辨识方式主要与水电工程施工事故类型(主要指亚类)、级别或其他属性进行关联。一个模型(主要是组合模型)可能对应多种水电工程施工事故类型。其主要内容包括模型编号、水电工程施工事故类别、水电工程施工事故级别、发生时间、发生地点等。

模型分析及展现主要记录模型分析结果的原始数据及空间分析的影响范围，可供下级预警管理信息系统或其他人员参考。并非所有分析结果都需要记录，用户可自行选择。其主要内容包括模型编号、事件编号、分析时间、参数信息、分析原始数据(建议采用 XML 文件)等。

模型应用记录了模型在实际处理水电工程施工事故中的使用情况,可供模型开发人员、总结评估人员参考。其主要内容包括模型编号、事件编号、使用前提、使用机构、使用时间、参数信息、影响分析、实际情况、模型偏差分析、效果评价等。

(4)知识库。知识库存储与预警有关的常识类信息、累积知识和策略知识等。目前关于知识的表达方法有很多,预警管理信息系统知识库中的知识表示方式必须满足以下要求:①结构化程度高,便于大规模预警知识库的管理与维护;②支持不同系统的分布式处理;③能为用户提供一致的调用接口;④表达能力强,能够表达实体间的各种联系;⑤具有较好的可扩充能力。

(5)常识经验。常识经验分为四大类:自然灾害类、事故灾难类、公共卫生类和社会安全类。根据资料按照分类自行进行处理,结构化或非结构化两种方式均可,并将相应专业内容按要求上报建设单位。

常识经验应包括名称、来源、类型、主体、用途等主要内容。

(6)各种规范库。包括法律法规、技术规范等。

法律法规的主要内容包括法律法规编号、类别、法律法规名称、主题、关键词、摘要、审议通过时间、颁布机构、颁布时间、施行时间、法律效力、有效范围、法律法规内容等。

预警法律法规包括四大类,即自然灾害法律法规、事故灾难法律法规、公共卫生法律法规、社会安全法律法规。

自然灾害法律法规包括《中华人民共和国水法》《防洪法》《防汛条例》《水库大坝安全管理条例》《蓄滞洪区运用补偿暂行办法》《气象法》《防沙治沙法》《人工影响天气管理条例》《军队参加抢险救灾条例》《防震减灾法》《破坏性地震预警条例》《森林法实施条例》《自然保护区条例》《地质灾害防治条例》等。

事故灾难法律法规包括《安全监管总局关于加强安全生产预警管理工作意见》《放射性同位素与射线装置安全和防护条例》《安全生产法》《劳动法》《建筑法》《消防法》《特别重大事故调查程序暂行规定》《国务院关于特大安全事故行政责任追究的规定》《企业职工伤亡事故报告和处理规定》《建设工程质量管理条例》《工伤保险条例》《劳动保障监察条例》《建设工程安全生产管理条例》《道路运输条例》《内河交通安全管理条例》《河道管理条例》《海上交通安全法》《海上交通事故调查处理条例》《电力监管条例》《电信条例》《计算机信息系统安全保护条例》《特种设备安全监察条例》《环境保护法》《民用核设施安全监督管理条例》《防治海岸工程建设项目污染损害海洋环境管理条例》《水污染防治法实施细则》《大气污染防治法》《环境噪声污染防治法》《水污染防治法》《固体废物污染环境防治法》《海洋环境保护法》《防止拆船污染环境管理条例》《防止船舶污染海域管理条例》《危险化学品安全管理条例》《放射性污染防治法》《渔业法》等。

公共卫生法律法规包括《突发公共卫生事件预警条例》等。

社会安全法律法规包括《安全法》《集会游行示威法》《监狱法》《信访条例》《企业劳动争议处理条例》等。

技术规范主要内容包括编号、标准号、中文标题、英文标题、中文关键词、英文关键词、被代替标准、采用关系、中标分类号、规范内容、版本、颁布机构、颁布时间等。

预警相关技术规范分为四大类，即自然灾害技术规范、事故灾难技术规范、公共卫生技术规范、社会安全技术规范。

自然灾害技术规范包括《雷电灾害调查技术规范》《气象资料分类编码和命名》《防雷防静电设施安全检测部位及检测点确定技术规范》《地质灾害气象等级标准》《闪电监测定位系统技术条件规范》等。

事故灾难技术规范包括《安全标志》《安全标志使用导则》《生产性粉尘作业危害程度分级》等。

公共卫生技术规范包括《流行性感冒诊断标准及处理原则》等。

社会安全技术规范包括《110接处警工作规则》等。

(7)文档库。文档库主要存储现有的相关文件和预警管理信息系统所产生的正式文档、公文，包括多媒体格式的文件等信息，与现有的电子公文格式保持一致和兼容。

公文参照电子政务标准《基于XML电子公文格式规范》对公文的文档结构要求进行实行。

其他文档是指公文以外的其他文档，如图片、音频、录像视频等。

本 章 小 结

本章本着科学性和系统性的原则，构建了预警管理系统。遵循平台化、组件化的思想设计了基于先进的多层架构模型和MVC模式的水电工程施工事故预警管理的系统架构，包括数据层、业务层及表现层；分析了水电工程施工事故预警管理的模块，包括应急值守、视频监测、预测预警、应急预案管理、专家会商与辅助决策、资源调度与管理、应急处置事后评估、模拟演练八大模块；阐述了水电工程施工事故预警管理的对策库，包括基础信息数据库、空间信息数据库、事件信息数据库、预案库、案例库、知识库等。

参 考 文 献

［1］罗瑞韧. 随身管理学院·危机管理［M］. 北京：国际文化出版社，2001.

［2］Hwang P, Lichtenthal D. Anatomy of organizational crises［J］. Journal of Contingencies and Crisis Management，2000(3)：129-140.

［3］张焕强. 突发事件的处理实例与技巧［M］. 北京：中国经济出版社，2003.

［4］Lagadec P. Preventing Chaos in a Crisis Strategies for Prevention，Control and Damage Limitation［M］. New York：McGraw Hill，1993.

［5］Luthans F, Stajkovic A D. Reinforce for performance：the need to go beyond pay and even rewards［J］. Academy of Management Executive，1999，(2)：49-57.

［6］Pauchant T C, Douville R. Recent research in crisis management：a study of 24 authors' publications from 1986 to 1991［J］. Industrial and Environmental Crisis Quarterly，1992，(1)：43-66.

［7］Barton L. Crisis in Organizations［M］. Cincinnati：Southwestern Publishing Company，1993.

［8］罗伯特·希斯. 危机管理［M］. 王成，宋炳辉，金瑛译. 北京：中信出版社，2001.

［9］Heath R. Dealing with the complete crisis-the crisis management shell structure［J］. Safety science，1998，(30)：139-150.

［10］Heath R. Crisis Management for Managers and Executives［M］. Financial Times Professional Limited，1997.

［11］Smith N J, Merna T, Jobing P. Management risk in construction projects［J］. Black Science，1992，4(4)：88-95.

［12］Nielson N L, Kleflner A E, Lee R B. The evolution of the role of risk communication in eftective risk management［J］. Risk Management and Lnsurance Review，2007，8(2)：279-289.

［13］Caponigro J R. The Crisis Counselor：a Step-by-Step Guide to Managing a Business Crisis［M］. Chicago：Contemporary Books，2000.

［14］蔡高巍. 企业危机管理机制研究［D］. 济南：山东大学硕士学位论文，2010.

［15］Fink S. Crisis Management：Planning for the Invisible［M］. New York：American Management Association，1986.

［16］Mitroff I I, Pearson C M. Crisis Management：Diagnostic Guide for Improving Your organization's Crisis Preparedness［M］. New York：Jossey-Bass Inc，1993.

［17］诺曼·R奥古斯丁. 危机管理［M］. 北京：中国人民大学出版社，2001.

［18］肖怡. 企业危机管理策略［J］. 经济管理，2001，23(5)：39-42.

［19］赵定涛. 企业危机动态管理模式［J］. 管理科学，2005，3：7-15.

［20］何俊德. 企业危机管理之战略思想分析［J］. 科技与管理，2005(2)：58-60.

［21］Miller R, Lessard D. Understanding and managing risks in large engineering projects［J］. International Journal of Project Management，2001，19(2)：136-145.

［22］Greenwood M, Woods H H. The incidence of industrial accidents upon individuals with special reference to multiple accidents［R］. London：Industrial Fatigue Research Board，1919.

［23］Farmer E, Chambers E. A study of personal qualities in accident proneness and proficiency［R］. London：His Majesty's Stationery Office，1939.

［24］Michael G. Lenne，Paul M. et al. A systems approach to accident causation in mining：An application of the HFACS method ［J］. Accident Analysis and Prevention，2011，26(05)：310-319

［25］Otte D，Jansch M，Haasper C. Injury protection and accident causation parameters for vulnerable road users based on german in-depth accident study GIDAS ［J］. Accident Analysis and Prevention，2012，44：149-153.

［26］Heinrich H W. Industrial Accident Prevention ［M］. New York：McGraw-Hill，1979.

［27］Bird F E. Management Guide to Loss Control ［M］. Atlanta：Alvarez，1974.

［28］Li X L，Zhao T D. An Accident Analysis Model Oriented to Complex Tasks Process ［C］∥IEEE. Reliability and Maintainability Symposium. 2010：1-6.

［29］Benner L. Safety，risk and regulation ［C］. Chicago：Proceedings of the Transportation Research Forum，1972.

［30］Johnson W. Management oversight and risk tree mort ［J］. Journal of Safety Research，1973：4-15.

［31］张守健. 建筑施工安全事故流变过程 ［J］. 哈尔滨工业大学学报，2011，43(2)：88-91.

［32］何沙，吉安民，杨喆，等. 安全流变-突变模型在井喷事故中的应用分析 ［J］. 天然气工业，2011(9).

［33］Gibson J J. The Contribution of Experimental Psychology to the Formation of the Problem of Safety ［R］. New York：Association for the Aid of Crippled Children，Behavioral Approaches to Accident Research，1960：296-303.

［34］Haddon W，Energy J. Damage and the 10 countermeasure strategies ［J］. Injury Prevention，1995，1(1)：40-44.

［35］Surry J. Industrial Accident Research：A Human Engineering Appraisal ［M］. Toronto：Ontario Ministry of Labor，1969.

［36］Andrew H I G. Individual Behavior in the Face of Danger ［M］. Amsterdam：Elsevier，1987.

［37］Wigglesw E C. Teaching model of injury causation and a guide for selectingcountermeasures ［J］. Occupy Psycho，1972，46(2)：69-78.

［38］Lawrence A C. Human error as a cause of accidents in gold mining ［J］. Journal of Safety Research，1974，6(2)：78-88.

［39］Skiba. An accident model ［J］. Occupational Safety and Health，1974，(4)：14-16.

［40］Bena A，Mamo C，Marinacci C，et al.. Risk of repeat accidents by economic activity in Italy ［J］. Safety Science，2006，44(4)：297-312.

［41］Reason J. Human Error ［M］. London：Cambridge University Press，1990.

［42］Reason J. Human error：models and management ［J］. British Medical Journal，2000，320(320)：768-770.

［43］Leveson N. A new accident model for engineering safer systems ［J］. Safety Science，2004，42(4)：237-270.

［44］Wang S，Wang Y. Causation analysis of complex system safety accident based on brittle structure collapse theory ［J］. Procedia Engineering，2011，15：365-369.

［45］覃容，彭冬芝. 水利水电工程施工高概率伤亡事故致因探索 ［J］. 工业安全与环保，2007，33(11)：60-62.

［46］何理，钟茂华，蒋仲安. 雅砻江流域水电开发与利用过程风险管理探讨 ［J］. 中国安全生产科学技术，2008，4(4)：77-80.

［47］孙志禹，周剑岚. 一种基于行为因素的高危作业安全评价方法的研究 ［J］. 水力发电学报，2011，30(3)：195-200.

［48］季学伟，翁文国，倪顺江，等. 突发公共事件预警分级模型［J］. 清华大学学报（自然科学版），
    2008，48(8)：1252-1255.

［49］胡振中，张建平，张旭磊. 基于4D施工安全信息模型的建筑施工支撑体系安全分析方法［J］. 工程
    力学，2010(12)：192-200.

［50］周厚贵，魏道红，曹生荣. 部分权重信息下地下工程施工安全模糊决策研究［J］. 大连理工大学学
    报，2010，50(3)：428-431.

［51］何签，强茂山. 水电项目中组织要素、知识共享与绩效关系的实证研究［J］. 清华大学学报（自然科
    学版），2010，(12)：1948-1952.

［52］郑霞忠，胡斌锋，郑烜. 基于水电工程的应急执行力构成要素分析［J］. 中国安全生产科学技术，
    2011，7(10)：149-153.

［53］Danielfrei. International Crisis and Crisis Management［M］. New York：Saxon House，1978.

［54］Baird T. Toward a contingency model of strategic risk taking［J］. Academy of Management Review，
    1985，10(2)：230-243.

［55］Winham G. Issues in International Crisis Management［M］. Otah：West view Press，1988.

［56］Heath R. Crisis Management for Managers and Executives［M］. London：Arrangement with Person
    Education Limited，1996.

［57］Sriraj P S，Khisty C J. Crisis management and planning using systems methodologies［J］. Journal of
    Urban Planning and Development，1999，125(3)：121-133.

［58］Hasumoto R，Miyamoto A，Sueta M. Disaster prevention technology for crisis management on water
    and sewage treatment［J］. Fuji Electric Journal，1998，71(6)：87-99.

［59］Bromiley C. Individual differences in risk taking［J］. Risk Taking Behavior，1992，11(1)：87-132.

［60］Altman E I. Financial ratios discriminate analysis and prediction of corporate bankruptcy［J］. Journal
    of Finance，1968，23(4)：589-609.

［61］Laitinen E K，Chong H G. Early warning system for crisis in sme's：preliminary evidence from finland
    and the UK［J］. Journal of small Business and Enterprise Development，1999，(1)：89-102.

［62］Aziz E L. Bank prediction：an investigation of cash flow based models［J］. Journal of Management
    Studies，1988，25(5)：419-437.

［63］佘丛国，席酉民. 我国企业预警研究理论综述［J］. 预测，2003，(2)：23-29.

［64］佘廉. 企业预警管理理论［M］. 石家庄：河北科学技术出版社，1999：146-156.

［65］佘廉，王超，龚道平，等. 水运交通灾害事故预警管理［M］. 石家庄：河北科学技术出版社，
    2004：182-184.

［66］罗帆，佘廉. 航空交通灾害预警管理［M］. 石家庄：河北科学技术出版社，2004：251.

［67］周厚贵，佘廉. 建筑业灾害预警管理［M］. 石家庄：河北科学技术出版社，2004：200-267.

［68］张喜柱，秦学诗. 企业财务预警系统研究［J］. 河北经贸大学学报，2006，27(6)：75-78.

［69］高红平. 基于功效系数法的企业财务预警系统研究［J］. 山西财经大学学报，2006，28(2)：
    164-165.

［70］钱军. 浅析企业财务预警系统模型的构建［J］. 技术经济，2006，(8)：57-78.

［71］肖坤. 关于构建现代企业财务预警系统的思考［J］. 生产力研究，2006，(8)：263-264.

［72］何荣华. 财务预警模型——分析、比较、评价［J］. 会计之友，2006，(8)：54-55.

［73］杨保安，温金祥. BP神经网络在企业财务危机预警之应用［J］. 预测，2001，(2)：49-54.

［74］张蓬勃. ××公司财务危机预警管理体系建设研究［D］. 兰州：西北大学硕士学位论文，2007.

［75］毛政珍. 房地产开发企业财务风险预警管理研究［D］. 长沙：湖南大学硕士学位论文，2008.

［76］王林，唐晓东. 经济波动与企业预警［J］. 经济体制改革，2000，(2)：90-93.

[77] 阮平南，王塑源. 企业经营风险及预警研究 [J]. 决策借鉴，1999(3)：2-6.

[78] 郭娜. 商品流通规模预警指标体系的构建 [J]. 统计与决策，2009(15)：181-183.

[79] 李青. 企业危机预警管理系统研究 [D]. 青岛：中国海洋大学硕士学位论文，2005.

[80] 郑家响. 营销风险预警管理研究 [D]. 天津：天津大学硕士学位论文，2005.

[81] 闫磊. 企业危机的预警管理研究 [D]. 长春：吉林大学硕士学位论文，2007.

[82] 李真. 供应链风险预警管理系统研究 [D]. 兰州：兰州大学硕士学位论文，2008.

[83] 曹宏杰. 担保公司风险预警管理研究 [D]. 武汉：武汉理工大学博士学位论文，2010.

[84] 张雅楠，马勇. 黄金分割法在企业危机预警管理中的应用 [J]. 合作经济与科技，2011(7)：46.

[85] 罗帆. 航空灾害成因机理与预警系统研究 [D]. 武汉：武汉理工大学博士学位论文，2004.

[86] 罗帆，陈小佳. 基于贝叶斯网络的航空灾害成因机理探析 [J]. 北京航空航天大学学报，2005，31(8)：934-936.

[87] 陈凯. 民航灾害预警管理信息系统的研究 [D]. 武汉：武汉理工大学硕士学位论文，2005.

[88] 余欢. 空管灾害预警管理机制研究 [D]. 武汉：武汉理工大学硕士学位论文，2005.

[89] 高凯. 民航机场灾害预警管理方法研究 [D]. 武汉：武汉理工大学硕士学位论文，2006.

[90] 贾刚. 航空公司灾害预警管理的技术方法研究 [D]. 武汉：武汉理工大学硕士学位论文，2007.

[91] 徐应芬. 面向预警管理的航空公司安全文化机制研究 [D]. 武汉：武汉理工大学硕士学位论文，2008.

[92] 朱新艳. 航空公司飞行员流失预警管理研究 [D]. 武汉：武汉理工大学博士学位论文，2010.

[93] 张维平. 突发公共事件预警机制的体系构建 [J]. 中国地质大学学报（社会科学版），2006，6(5)：13-17.

[94] 雷明. 我国食品质量安全预警管理探析 [D]. 沈阳：东北大学硕士学位论文，2008.

[95] 贾岩，朱茵. 基于危机管理的道路交通安全管理模式研究 [J]. 交通交通与安全，2009，9(5)：5-6.

[96] 李凯彦. 医疗机构医疗安全预警管理系统研究——以厦门市某三级医院为模型 [D]. 厦门：福建医科大学，2010.

[97] 孙颖. 基于 ArcGIS Server 的城市公共安全预警研究 [J]. 测绘通报，2010(8)：47-49.

[98] 佘廉，丁立，吴国斌. 三峡库区水污染重大公共安全事件预警模型研究 [J]. 情报杂志，2011，30(3)：31-32.

[99] 李波. 港口安全生产预警管理研究 [D]. 武汉：武汉理工大学硕士学位论文，2003.

[100] 吴国付. 区域港口建设项目投资风险的预警管理研究 [D]. 武汉：武汉理工大学博士学位论文，2006.

[101] 万军杰. 海外港口建设项目风险预警管理系统研究 [D]. 武汉：武汉理工大学博士学位论文，2008.

[102] 郭峰，向鹏成，任宏. 基于大系统控制的房地产预警系统 [J]. 重庆大学学报（自然科学版），2005(12)：112-117.

[103] 李志强. 公路建设项目风险预警管理系统研究 [D]. 西安：长安大学硕士学位论文，2006.

[104] 杨晋. 高速公路预警管理系统若干关键技术研究 [D]. 武汉：武汉理工大学硕士学位论文，2007.

[105] 范珉. 公共建筑突发集群事件预警管理系统研究 [D]. 西安：西安建筑科技大学博士学位论文，2010.

[106] 董慧群. 代建制项目风险预警管理研究 [D]. 阜新：辽宁工程技术大学博士学位论文，2010.

[107] Pagano L, Rianna G, Zingariello M C, et al. An early warning system to predict flow slides in pyroclastic deposits [J]. Landslides and Engineered Slopes：From the Past to the Future, 2008(2)：1259-1264.

[108] Shi L P. Early warning system research based on recognizing the constraint in road traffic safety [C].

Proceedings of 2007 International Conference on Management Science & Engineering, 2007.

[109] Dokas I M, Karras DA, Panagiotakopoulos D C. Fault tree analysis and fuzzy expert systems: early warning and emergency response of landfill operations [J]. Environmental Modelling and Software, 2009, 24(1): 8-25.

[110] Urbancic T I, Trifu C I. Recent advances in seismic monitoring technology at Canadian mines [J]. Journal of Applied Geophysics, 2000, (45): 225-237.

[111] 王伟. 基于平衡计分卡的企业预警模型探索 [J]. 财会通讯, 2009, (19): 59-60.

[112] Casagli N, Dapporto S, Ibsen M L, et al. Analysis of the landslide triggering mechanism during the storm of 20th-21st november 2000, inNorthern Tuscany [J]. Landslides, 2006, 3(1): 145-159.

[113] Yoshimatsu H, Abe S. A review of landslide hazards in Japan and assessment of their susceptibility using an analytical hierarchic process(AHP) method [J]. Landslides, 2006, 3(2): 149-158.

[114] Cornelius R R, Scott P A. A materials failure relation of accelerating creep as empirical description of damage accumulation [J]. Rock Mechanics and Rock Engineering, 1993, 26(3): 233-252.

[115] 刘瑢. 基于风险管理的深基坑工程施工预警系统研究 [D]. 南京: 东南大学硕士学位论文, 2006.

[116] 宋建学, 郑仪, 王原嵩. 基坑变形监测及预警技术 [J]. 岩土工程学报, 2006, (S1): 1889-1991.

[117] 李惠强, 吴静. 深基坑支护结构安全预警系统研究 [J]. 中华科技大学学报(城市科学版), 2002, 19(1): 61-64.

[118] 孟永东, 田斌, 郭其达. 三峡水库石榴树包滑坡灾害预警分析 [J]. 水利水电技术, 2004, 35 (12): 23-27.

[119] 吴树仁, 金逸民, 石菊松, 等. 滑坡预警判据初步研究——以三峡库区为例 [J]. 吉林大学学报(地球科学版), 2004, 34(4): 596-600.

[120] 殷坤龙, 陈丽霞, 张桂荣. 区域滑坡灾害预测预警与风险评价 [J]. 地学前缘, 2007, 14 (6): 85-97.

[121] 刘造保, 徐卫亚, 金海元, 等. 锦屏一级水电站左岸岩质边坡预警判据初探 [J]. 水利学报, 2010 (1): 101-107.

[122] 姚丽. 农村水利现代化指标体系及其预警管理 [D]. 南京: 河海大学硕士学位论文, 2005.

[123] 周小文, 包伟力, 吴昌瑜, 等. 现代化堤防安全监测与预警系统模式研究 [J]. 水利学报, 2002, (6): 113-117.

[124] 游小文. 闽江下游河床变迁与饮水安全预警 [J]. 引进与咨询, 2006, (9): 69-72.

[125] 彭冬芝. 灰平面预测法在水电施工事故预测中的应用 [J]. 人民长江, 2004, (9): 56-58.

[126] 覃荣. 水利水电工程施工伤亡事故致因模型构建及预防对策研究 [D]. 宜昌: 三峡大学硕士学位论文, 2006.

[127] 周厚贵, 郝永梅, 戴西辉. 水电工程施工特点与安全预警管理 [J]. 安全管理, 2007, 9(7): 2.

[128] 张云宁, 管威. 基于人工神经网络的施工安全性预警模型研究 [J]. 长春工程学院学报(自然科学版), 2007, 8(3): 61-63.

[129] 金磊. 风险学与安全减灾 [J]. 中国安全科学学报, 1995, 5(2): 19-24.

[130] Lowrance. Of Acceptable Risk: Science and the Determination of Safety [M]. Los Angeles: William Kaufman, 1976.

[131] 陈述, 余迪, 郑霞忠, 等. 重大突发事件的动态协同应急决策 [J]. 中国安全科学学报, 2015, 24 (3): 171-176.

[132] 付元初, 彭冬芝, 李福生. 水利水电工程施工伤亡事故案例与分析(第二集) [M]. 北京: 中国建筑工业出版社, 2001.

[133] 彭冬芝. 水电施工生产中的高处坠落事故致因分析 [J]. 水利电力劳动保护, 2001, (1): 20-22.

[134] 罗云，程五一. 现代安全管理 [M]. 北京：化学工业出版社，2004.

[135] 孙岩. 水电建设工程安全性评价系统开发研究 [J]. 华东电力，2009，37(5)：835-837.

[136] 金龙哲，宋存义. 建筑安全科学原理 [M]. 北京：化学工业出版社，2004.

[137] 黄新宇. 工程建设项目安全管理及其评价指标体系研究 [D]. 北京：清华大学硕士学位论文，2001.

[138] 丁传波. 施工企业安全评价研究 [J]. 建筑技术，2004(3)：214-215.

[139] 彭冬芝. 水电施工行业伤亡事故的特征与规律研究 [J]. 中国安全科学学报，2001，2(1)：70-74.

[140] Kirwan B. Human error identification techniques for risk assessment of high risk systems, Part 1：review and evaluation of techniques [J]. Applied Ergonomics, 1998, 29(3)：157-177.

[141] 吴宗之. 危险评价方法及其应用 [M]. 北京：冶金工业出版社，2002.

[142] 何永全，王文铮. 论建筑业安全管理与政府监督 [J]. 建筑安全，2001，(1)：35-36.

[143] 杜荣军. 建设工程安全管理10讲 [M]. 北京：机械工业出版社，2005.

[144] 邢春燕，韩雪峰. 建筑行业事故发生规律的探究 [J]. 安全，2007，(12)：24-26.

[145] 曹德明. 水利工程施工安全性预警方法研究 [J]. 吉林水利，2008，(3)：58-60.

[146] 郑霞忠，郭雅薇，陈述. 建筑企业职业健康安全管理体系成熟度评价 [J]. 中国安全科学学报，2015，25(12)：146-150.

[147] 朱渊岳. 改进LEC法在水利水电工程建设期危险源评价中的应用 [J]. 中国安全科学学报，2009，5(4)：51-54.

[148] 王盼盼，李启明，邓小鹏. 施工人员安全能力模型研究 [J]. 中国安全科学学报，2009，19(08)：40-44.

[149] 刘星，唐征友. 安全生产责任的制度整合与伦理道德建设 [J]. 中国安全科学学报，2009，19(8)：48-52.

[150] 李继伟，李伟，程五一. 建设工程重大危险源界定和辨识标准研究 [J]. 中国安全科学学报，2009，19(8)：160-165.

[151] 张敏，杜燮祎，李涛，等. 高危作业有害因素控制水平监测预警系统的设计 [J]. 中国安全科学学报，2009，5(4)：32-36.

[152] 魏一鸣，范英. 基于神经网络的洪水灾害预测方法 [J]. 中国管理科学，2000，8(3)：57-62.

[153] Bayraktarli Y Y, Ulfkjaer J P. On the application of Bayesian probabilistic networks for earthquake risk management [C]. Proceedings of the 9th International Conference on Structural Safety and Reliability, Rotterdam, 2005.

[154] Martin J E, Rivas J T, Matias T, et al. A Bayesian network analysis of workplace accidents caused by falls from a height [J]. Safety Science, 2009, 47(2)：206-214.

[155] 裘江南，师花艳，王延章，等. 基于事件的定性知识表示模型研究 [J]. 系统工程，2009，27(10)：1-8.

[156] 裘江南，王延章，董磊磊，等. 基于贝叶斯网络的突发事件预测模型 [J]. 系统管理学报，2011，20(1)：98-103，108.

[157] 郑霞忠，肖玲，张光飞. 水利水电工程施工安全管理与安全控制 [J]. 水电能源科学，2010，28(10)：103-105.

[158] 曹庆贵. 企业风险监控与安全管理预警技术研究 [D]. 青岛：山东科技大学博士学位论文，2005.

[159] 陈家鼎. 生存分析与可靠性引论 [M]. 合肥：安徽教育出版社，1993.

[160] 黄瑞祥. 可靠性工程 [M]. 北京：清华大学出版社，1990.

[161] 高晓旭. 基于4M理论的煤矿本质安全研究 [D]. 西安：西安科技大学博士学位论文，2010.

[162] 秦寿康. 综合评价原理与应用 [M]. 北京：电子工业出版社，2003.

［163］郭亚军. 综合评价理论、方法及应用［M］. 北京：科学出版社，2007.

［164］李江. 煤矿动态安全评价及预测技术研究［D］. 江苏：中国矿业大学博士学位论文，2008.

［165］丁宝成. 煤矿安全预警模型及应用研究［D］. 阜新：辽宁工程技术大学博士学位论文，2010.

［166］冯利军. 建筑安全事故成因分析及预警管理研究［D］. 天津：天津财经大学博士学位论文，2008.

［167］张高峰. 建筑业安全事故的成因何在［J］. 施工企业管理，2006，（6）：60-61.

［168］王飞，李定主. 模式识别中贝叶斯决策理论的研究［J］. 科技情报开发与经济，2007，17（7）：165-166.

［169］Lious T S, Wang M J. Ranking fuzzy numbers with integral value［J］. Fuzzy Sets and system, 1992, 50(3)：247-255.

［170］裴继红，范九伦，谢维信. 聚类中心的初始化方法［J］. 电子科学学刊，1999，21(3)：320-325..

［171］陈守煜，韩晓军，王建明，等. 模糊聚类、识别、优选统一理论与循环迭代模型［J］. 大连理工大学学报，2004，44(6)：883-886.

［172］余建星，谭振东. 基于组合赋权及TOPSIS的绩效定量评价研究［J］. 系统工程理论与实践，2005，（11）：46-50.

［173］Kamal M. Application of the AHP in project management［J］. International Journal of Project Management，1999(19)：19-27.

［174］Opricovic S, Tzeng G H. Compromise solution by MCDM methods：a comparative analysis of VIKOR and TOPSIS［J］. European Journal of Operational Research，2004，156(2)：445-455.

［175］赵忠刚，姚安林. 基于变权赋值模型的应急预案质量优选［J］. 油气储运，2009，28(4)：30-33.

［176］陈守煜. 可变模糊集理论在水资源系统中的应用研究［D］. 大连：大连理工大学，2008.

［177］Pawlak Z. Rough sets［J］. International Journal of Information and Computer Science, 1982, 11(5)：314-356.

［178］刘普寅，吴孟达. 模糊理论及其应用［M］. 长沙：国防科技大学出版社，1998.

［179］郑霞忠，谌巧玲，陈述，等. 基于粗糙集的水电工程施工安全评价方法［J］. 中国安全科学学报，2011，21(1)：82-86.

［180］汪泽焱，顾红芳，益晓新，等. 一种基于熵的线性组合赋权法［J］. 系统工程理论与实践，2003，（3）：112-116.

［181］刘树林，邱菀华. 多属性决策基础理论研究［J］. 系统工程理论与实践，1998，18(1)：38-43.

［182］Kryszkiewicz M. Rough set approach to incomplete information systems［J］. Information Science, 1998, 112(4)：39-49.

［183］王国胤. Rough集理论与知识获取［M］. 西安：西安交通大学出版社，2001.

［184］鄂旭，高学东，武森. 一种新的遗失数据填补方法［J］. 计算机工程，2005，31(20)：6-7.

［185］Kerber R. Chimerge：discretization of numeric attributes［J］. Proc eedings of the Tenth National Conference on Artificial Intelligence，1992：123-128.

［186］Holte R C. Very simple classification rules perform well on most commonly used data sets［J］. Machine Leaning，1993，(11)：63-90.

［187］Nguyen H S, Skowron A. Quantization of real value attributes［C］. Proceedings of Second Joint Annual Conf on Information Science, Wrightsville Beach, North Carolina, 1995：34-37.

［188］韩秋明，赵轶群. Rough Set中基于聚类的连续属性离散化方法［J］. 计算机工程，2003，29(4)：81-87.

［189］Fayyad U M, Irani K B. Multi interval discretization of continuous valued attributes for classification learning［J］. Proc of the 13th International Joint Conference on Artificial Intelligence, Morgan Kaufmann，1993：1022-1027.

[190] 李春贵，王萌，孙自广，等. 属性频率划分和信息熵离散化的决策树算法 [J]. 计算机工程与应用，2009，45(12)：1543-1546.

[191] 刘少辉，盛秋戬，吴斌，等. Rough 集高效算法的研究 [J]. 计算机学报，2003，26(5)：524-529.

[192] Jensen R，Shen Q. Semantics preserving dimensionality reduction：rough and fuzzy-rough-based approaches [J]. IEEE Transactions on Knowledge and Data Engineering，2004，16(12)：1457-1471.

[193] Wang G Y，Zhao J，An J J，et al. Theoretical study on attribute reduction of rough set theory：comparison of algebra and information views [C]. Proceedings of the Third IEEE International Conference on Cognitive Informatics，Canada：IEEE Computer Society，2004.

[194] Yang M，Yang P. A novel condensing tree structure for rough set feature selection [J]. Neurocomputing，2008，71(4)：1092-1100.

[195] Sterman J D. Business dynamics：systems thinking and modeling for a complex world [C]. Proceedings of the ESD Internal Symposium，MIT，Cambridge，MA，2002.

[196] 姜敏. 现代建筑安全管理 [M]. 北京：中国建筑工业出版社，2009：160-161.

[197] 张海龙，李雄飞，董立岩. 应急预案评估方法研究 [J]. 中国安全科学学报，2009，19(7)：142-143.

[198] 诸仲玖. 县级城市应急指挥信息平台建设研究 [D]. 成都：电子科技大学硕士学位论文，2010.

附　录

附录 A：事故类别风险调查表

姓名：　　　　单位名称：　　　　　　　　联系电话：

岗位性质(选择 1 项)：安全管理、现场施工、项目管理　　电子邮箱：

事故类别 名称	危险概率 排序 15—1	后果严重度 排序 15—1	死亡、重伤人数 估计/每起事故	可能涉及的岗位 (作业)
物体打击				
提升、车辆伤害				
机械伤害				
起重伤害				
触电				
淹溺				
灼烫				
火灾				
高处坠落				
坍塌				
放炮				
其他爆炸				
煤与瓦斯突出				
中毒和窒息				
其他伤害				

说明：

1. 危险概率是指危险从潜在状态转化为现实状态的可能性大小。请按 15 到 1 排序，15 表示出现的可能性最大，依次递减。

2. 后果严重度是指危险可能造成的结果，即伤害与损失程度。请按 15 到 1 排序，15 表示后果最严重，会出现群死群伤事故或事故经济损失大，依次递减。

3. 可能涉及的岗位(作业)，可填写多项。

附录 B：岗位职业危害调查表

说明：

1. 本表调查的目的是了解作业岗位危害现状。

2. 排序：选择 20 个岗位或作业即可，请按危害性大小从 20 到 1 排序，20 表示最大，依次递减。

3. 发生可能性：按大、中、小评估；伤害事故与职业病危害的每一项危害后果均按 3—2—1 递减选择，若此项无，则填"0"。

序号	岗位(工种)名称	排序(20—1)	伤 害 事 故				职 业 病 危 害			
			发生可能性(大—中—小)	死亡	重伤	轻伤	发生可能性(大—中—小)	粉尘	噪声	毒物
				(3—2—1)				(3—2—1)		
1	门座式起重机司机									
2	塔式起重机司机									
3	桥(龙门)式起重机司机									
4	缆索起重机司机									
5	轮胎式起重机司机									
6	履带式起重机司机									
7	汽车司机									
8	电瓶车司机									
9	卷扬机工									
10	皮带机工									
11	起重工									
12	推土机司机									
13	挖掘机司机									
14	铲运机司机									
15	装载机司机									
16	振动碾司机									
17	潜孔钻司机									
18	凿岩台车工									
19	风钻工									

序号	岗位(工种)名称	排序(20-1)	伤害事故				职业病危害			
			发生可能性(大一中一小)	死亡	重伤	轻伤	发生可能性(大一中一小)	粉尘	噪声	毒物
				(3-2-1)				(3-2-1)		
20	爆破工									
21	撬挖工									
22	锻钎工									
23	地下连续墙工									
24	钻探灌浆工									
25	破碎机工									
26	振动碾司机									
27	潜孔钻司机									
28	凿岩台车工									
29	风钻工									
30	振动碾司机									
31	潜孔钻司机									
32	凿岩台车工									
33	风钻工									
34	爆破工									
35	筛分机工									
36	支模工									
37	钢筋工									
38	混凝土工(含清基)									
39	混凝土泵工									
40	拌和楼运转工									
41	塔(顶)带机运转工									
42	混凝土喷射工									
43	沥青工									
44	电焊工									
45	金属结构制造工									
46	金属结构安装工									
47	水轮机安装工									

续表

序号	岗位(工种)名称	排序 (20-1)	伤害事故				职业病危害			
			发生可能性 (大-中-小)	死亡	重伤	轻伤	发生可能性 (大-中-小)	粉尘	噪声	毒物
				(3-2-1)				(3-2-1)		
48	水轮发电机安装工									
49	调速机安装工									
50	卷线安装工									
51	电气安装工									
52	管路安装工									
53	热处理工									
54	金属防腐工									
55	测工									
56	金属材料试验工									
57	混凝土材料试验工									
58	电气试验工									
59	化验工									
60	无损探伤工									
61	空压机工									
62	司炉工									
63	冷冻(氨压机)机工									
64	水泵工									
65	柴油发电机工									
66	外线电工									
67	维护电工									
68	通信电工									
69	充电工									
70	汽车电工									
71	施工机械修理工									
72	汽车修理工									
73	木工									
74	架子工									
75	油漆工									

序号	岗位(工种)名称	排序(20-1)	伤害事故				职业病危害			
			发生可能性(大-中-小)	死亡	重伤	轻伤	发生可能性(大-中-小)	粉尘	噪声	毒物
				(3-2-1)				(3-2-1)		
76	钳工									
77	车工									
78	刨工									
79	铣工									
80	潜水工									
81	石工									